"十四五"职业教育国家规划教材

 全国优秀教材二等奖

图形图像处理

（CorelDRAW X8）

包之明　主　编

张　雄　副主编

电子工业出版社

Publishing House of Electronics Industry

北京 · BEIJING

内 容 简 介

本书根据教育部颁发的《中等职业学校专业教学标准（试行）信息技术类》中的相关教学内容和要求编写而成。编写人员在对平面设计的工作进行任务分析的基础上，综合行业、企业专家意见，将工作项目及任务引入教材编写，力求理论与实践相结合。本书遵循学生知识能力形成规律，由浅至深设计了 11 个项目，充分考虑了学生新旧知识与技能的衔接，通过项目导读、学习目标、知识技能、任务分析、任务实施、项目总结、拓展练习等，在"做中学" CorelDRAW X8 的平面设计和制作技术，有利于学习者举一反三，融会贯通，从而提高职业技能与素养。本书配有教学指南、电子教案和案例素材，详见前言。

本书可作为中等职业学校计算机应用专业、计算机平面设计专业的教学用书，也可以作为社会培训学校、高职院校的教学用书，还可作为平面设计人员的自学用书，以及供广大计算机平面设计爱好者参考使用。

图书在版编目（CIP）数据

图形图像处理：CorelDRAW X8 / 包之明主编. —北京：电子工业出版社，2018.4

ISBN 978-7-121-33660-7

Ⅰ. ①图⋯ Ⅱ. ①包⋯ Ⅲ. ①图形软件—中等专业学校—教材 Ⅳ. ①TP391.413

中国版本图书馆 CIP 数据核字（2018）第 026284 号

策划编辑：杨　波
责任编辑：裴　杰
印　　刷：天津画中画印刷有限公司
装　　订：天津画中画印刷有限公司
出版发行：电子工业出版社
　　　　　北京市海淀区万寿路 173 信箱　邮编　100036
开　　本：787×1 092　1/16　印张：11.5　字数：294.4 千字
版　　次：2018 年 4 月第 1 版
印　　次：2023 年 12 月第 14 次印刷
定　　价：36.00 元

前言 | PREFACE

本书以党的二十大精神为统领，全面贯彻党的教育方针，落实立德树人根本任务，践行社会主义核心价值观，铸魂育人，坚定理想信念，坚定"四个自信"，为中国式现代化全面推进中华民族伟大复兴而培育技能型人才。

CorelDRAW 是 Corel 公司推出的一款集矢量图形绘制、版面设计、位图编辑等多功能于一体的图形设计应用软件，在平面广告设计、产品包装设计、企业形象设计等多个领域发挥着重要作用。CorelDRAW 基本技能操作及应用，是计算机平面设计专业的核心课程，是计算机应用专业的一门专业课程，是平面设计员、广告设计员、文员等工作人员必须掌握的职业能力。

编写人员根据教育部颁发的《中等职业学校专业教学标准（试行）信息技术类》中的相关教学内容和要求，立足于平面设计师的典型工作任务调研与分析的基础上，综合行业、企业专家意见，为进一步促进数字经济和实体经济深度融合，对接文化产业、平面设计行业的数字化转型后岗位能力需求变化，对接岗位的职业能力，基于工作过程系统化设计了 11 个学习模块。教材以代表性工作任务为载体，遵循学生认知规律、循序渐进、衔接合理、层次分明与理实一体等编写原则，设计与选取了 30 个工作任务和 32 个拓展练习。编写体例由项目导读、学习目标、知识技能、任务分析、任务实施、项目总结、拓展练习等几个部分组成。

本书坚持问题导向、系统化设计与实施，满足教育数字化转型和学生职业能力与创新能力培养的需求，适用于混合式教学、任务驱动教学法。在工作任务教学化处理时，选取了标志、卡片、海报、画册、POP 广告、台历、书籍装帧、包装设计与制作、VI 等代表性工作任务。并将思政教育有机融合于专业教学中，如通过项目导读、工作任务分析培养学生的法治与安全意识、环境保护意识、中华优秀传统文化、守正创新、企业文化与精神、科学思维等素质。通过任务实施与拓展练习中，弘扬劳动光荣与工匠精神，培育学生精益求精、合作与创新意识与能力，突出职业教育特点，并有利于学习者举一反三，融会贯通，拓宽思路，从而提高职业技能与素养。

本书的特点与亮点：一是立德树人，注重职业教育素养培养，突出职业教育特色，体现了中华优秀传统文化及现代艺术文化相融合，弘扬劳动光荣与工匠精神，突出职业教育的特点。二是教学内容根据教育部教学标准的教学要求来编写，结合企业需求，考虑中高职的知识与技能进行衔接；三是以工作过程为导向，模块化地整合知识与能力，以工作任务为载体，实现企业岗位情境和教学内容的融合，提升学生的专业能力和素养；四是以项目教学和任务案例为主线，降低理论难度，具有较强的实用性，利于学习者融会贯通。

本书所授内容共需 108 学时，具体学时分配详见授课学时分配建议表。

授课学时分配建议表

序　号	课　程　内　容	学　时　数
1	CorelDRAW X8 基础——相册制作	4
2	基本图形的绘制——标志和标识绘制	8
3	曲线绘制与美术字应用——卡片制作	10
4	对象编辑——海报制作	12
5	矢量图形效果——POP 广告制作	8
6	矢量图形效果——艺术字及台历制作	8
7	图文混排——画册制作	12
8	位图效果调整应用——制作户外广告	10
9	位图应用——书籍装帧	10
10	综合应用 1——包装设计与制作	12
11	综合应用 2——VI 系统设计与制作	14
	合计	108

　　本书配有免费的多媒体课件、素材、源文件、教学视频等资源，请读者前往华信教育资源网注册后免费下载，同时，请读者扫描书中相关的二维码，观看教学视频。为了使任务更具有说服力，本书引用了有关素材，这些素材仅作为任务制作讲解使用，版权归原作者所有，在此特别声明。

　　本书由包之明担任主编，张雄（桂林润鸿房地产开发有限公司）担任副主编，官彬彬、杨泽群、李桂春参与主要编写工作。具体分工如下：项目 1、项目 2、项目 3、项目 4、项目 7 由包之明负责编写，项目 5、项目 6 由张雄、官彬彬负责编写，项目 8、项目 9 由杨泽群负责编写，项目 10、项目 11 由李桂春负责编写。

　　在编写过程中，由于时间仓促，加之编写人员水平有限，书中难免存在不妥和疏漏之处，恳请广大读者批评指正。读者若在学习中发现书中有不妥之处或有更好的建议，欢迎发送邮件至 bao5106@163.com 与编者联系。

编　者

CONTENTS | 目录

项目 1 CorelDRAW X8 基础——相册制作 ·· 1

1.1 CorelDRAW X8 的启动与退出 ·· 2

1.2 CorelDRAW X8 的工作界面 ·· 3

1.3 CorelDRAW X8 文件的基本操作 ·· 4

1.4 选择工具的使用 ·· 6

1.5 版面设置 ·· 7

1.6 图形图像基础 ··· 9

　　任务 1 制作相册封面 ··· 10

　　任务 2 制作相册内页 ··· 13

项目 2 基本图形的绘制——标志和标识绘制 ·· 16

2.1 基本图形绘制工具 ··· 17

2.2 调色板 ·· 18

2.3 裁剪工具 ·· 18

2.4 刻刀工具 ·· 19

2.5 橡皮擦工具 ··· 19

2.6 对象的复制与删除 ·· 19

2.7 交互式填充工具 ··· 20

　　任务 1 制作禁止使用手机标识 ·· 20

　　任务 2 绘制丫丫工作室标志 ·· 22

　　任务 3 无障碍公共设施标识 ·· 23

　　任务 4 制作星星科技企业标志 ··· 25

项目 3 曲线绘制与美术字应用——卡片制作 ·· 29

3.1 线条绘制 ·· 30

3.2 形状工具对曲线的编辑 ……………………………………………………………… 31

3.3 美术文本 ……………………………………………………………………………… 31

3.4 对象的复制、对齐和分布 …………………………………………………………… 31

3.5 图框精确剪裁 ………………………………………………………………………… 32

    任务 1 制作工作证 ………………………………………………………………… 32

    任务 2 制作名片 …………………………………………………………………… 35

    任务 3 VIP 卡制作 ………………………………………………………………… 37

项目 4 对象编辑——海报制作 …………………………………………………………… 42

4.1 对象的造型 …………………………………………………………………………… 43

4.2 对象变换 ……………………………………………………………………………… 44

4.3 艺术笔工具 …………………………………………………………………………… 45

4.4 轮廓笔工具 …………………………………………………………………………… 46

    任务 1 制作公益海报 ……………………………………………………………… 47

    任务 2 制作活动宣传海报 ………………………………………………………… 49

    任务 3 制作旅游促销海报 ………………………………………………………… 52

项目 5 矢量图形效果——POP 广告制作 ………………………………………………… 57

5.1 封套工具 ……………………………………………………………………………… 58

5.2 立体化工具 …………………………………………………………………………… 59

5.3 轮廓图工具 …………………………………………………………………………… 61

    任务 1 绘制悬挂式 POP 广告 …………………………………………………… 62

    任务 2 绘制柜台式 POP 广告 …………………………………………………… 64

    任务 3 绘制吊旗式 POP 广告 …………………………………………………… 67

项目 6 矢量图形效果——艺术字及台历制作 …………………………………………… 71

6.1 阴影工具 ……………………………………………………………………………… 72

6.2 变形工具 ……………………………………………………………………………… 72

6.3 调和工具 ……………………………………………………………………………… 73

6.4 透明度工具 …………………………………………………………………………… 74

    任务 1 绘制超级速度艺术字 ……………………………………………………… 75

    任务 2 绘制台历封面 ……………………………………………………………… 77

    任务 3 绘制台历内页 ……………………………………………………………… 80

项目 7　图文混排——画册制作 83

　7.1　段落文本编辑 84

　7.2　文本的形式 85

　7.3　表格制作 86

　　任务 1　制作儿童作品画册封面 87

　　任务 2　制作宣传画册内页 91

项目 8　位图效果调整应用——制作户外广告 96

　8.1　位图的色彩模式和色彩调整 97

　8.2　位图的色度/饱和度/亮度调整 98

　8.3　位图的高反差调整 98

　8.4　调合曲线 100

　8.5　颜色平衡 100

　8.6　调和工具 101

　8.7　透视 102

　　任务 1　制作公益户外广告 103

　　任务 2　制作房地产户外广告 106

　　任务 3　制作汽车展销会展板 109

项目 9　位图应用——书籍装帧 115

　9.1　位图与矢量图的相互转换 116

　9.2　位图的编辑 117

　9.3　位图的颜色遮罩 119

　9.4　位图的滤镜效果 120

　　任务 1　制作儿童书籍封面 127

　　任务 2　制作汽车杂志目录 132

项目 10　综合应用 1——包装设计与制作 137

　10.1　3 点曲线工具 138

　10.2　粗糙笔刷工具 138

　10.3　视图模式 139

　10.4　智能填充工具 139

　10.5　网状填充工具 140

　　任务 1　制作光盘包装 140

任务 2　制作手提袋 ·· 144

任务 3　制作化妆品包装盒 ··· 148

项目 11　综合应用 2——VI 系统设计与制作 ·· 155

11.1　度量工具 ·· 156

11.2　连接器工具 ··· 157

任务 1　制作 VI 基础部分 ··· 158

任务 2　制作 VI 应用部分 ··· 163

参考文献 ··· 173

项目 1

CorelDRAW X8 基础——相册制作

项目导读

　　CorelDRAW 是由 Corel 公司推出的一款集矢量图形绘制、版式设计、排版印刷等多种功能于一身的图形图像处理软件，是广大平面设计师经常使用的平面设计软件之一。

　　相册的意义是在于对生活、旅游、成长等曾经美好瞬间，在那些感动的一刹那，定格在某个时间点的记录。因此，我们按类型设计与制作电子相册或打印出纸质相册，是一项有利于我们发觉生活中的美，体验生命的价值，提升审美能力的活动。

学习目标

- 掌握 CorelDRAW 的启动与退出
- 认识 CorelDRAW 的工作界面
- 掌握 CorelDRAW 文件的基本操作
- 掌握选择工具的操作
- 掌握版面设置的方法
- 认识图像处理基础知识
- 能导入图片，处理图形，合成相册

项目任务

- 制作相册封面
- 制作相册内页

 知识技能

1.1　CorelDRAW X8 的启动与退出

1.　启动 CorelDRAW X8

启动 CorelDRAW X8 的常用方法有以下三种。

（1）由"开始"按钮启动。单击桌面 Windows 任务栏中左侧的"开始"按钮，在弹出的菜单中执行"所有程序"→"CorelDRAW Graphics Suite X8"→"CorelDRAW X8"命令即可。

进入 CorelDRAW X8 的初始化界面，其消失后，进入 CorelDRAW X8 的欢迎界面，如图 1-1 所示。查看导览，可以了解 CorelDRAW X8 的新增功能、学习工具等内容。选择"新建文档"选项，可打开当前软件默认的模板来创建一个新的文档，也可以在对话框中设置新建文档的属性，如图 1-2 所示。

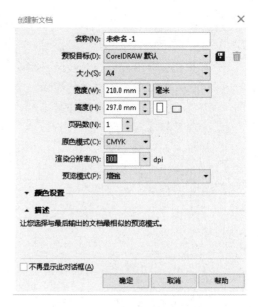

图 1-1　CorelDRAW X8 的欢迎界面　　　　　　图 1-2　"创建新文档"对话框

（2）由"快捷方式"启动。双击 CorelDRAW X8 的桌面快捷图标，启动 CorelDRAW X8。

（3）由"图形文件"启动。双击 CorelDRAW X8 的可编辑文件，启动 CorelDRAW 并打开图形文件。

2. 退出 CorelDRAW X8

（1）由菜单退出。执行"文件"→"退出"命令，退出软件。

（2）由"关闭"按钮退出。单击标题栏右边的"关闭"按钮 ，退出软件，如果正在编辑的图形文件没有存盘，系统将弹出保存文件提示框，如图 1-3 所示。

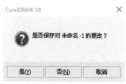

图 1-3　保存文件提示框

1.2　CorelDRAW X8 的工作界面

CorelDRAW X8 的工作界面主要由标题栏、菜单栏、标准工具栏、工具箱、属性栏、水平标尺、调色板、工作区等部分组成，如图 1-4 所示。

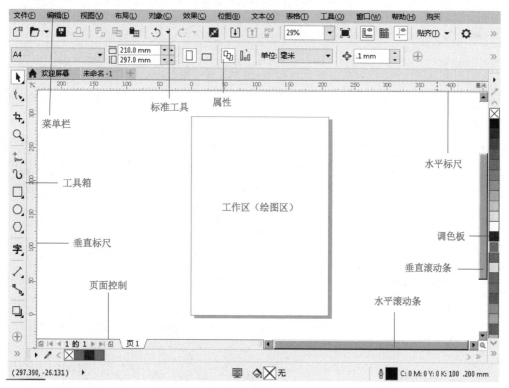

图 1-4　CorelDRAW X8 工作界面

1. 标题栏

标题栏默认在工作界面的最顶端，左边显示 CorelDRAW 的版本号和正在绘制的图形文件名，右边有"最小化" 、"最大化" 和"关闭窗口" ✕ 3 个按钮。

2. 菜单栏

菜单栏中有 12 个菜单，选择某菜单项，可在下拉菜单中选择要执行的命令，如图 1-5 所示。

图 1-5　菜单栏

3. 标准工具栏

标准工具栏提供了用户经常使用的一些操作按钮，单击相应按钮，可执行相关命令。当用户将鼠标光标移动到按钮上时，系统将自动显示该按钮相关的注释文字和快捷键，如图 1-6 所示。

图 1-6　标准工具栏

4. 工具箱

工具箱中放置了各种绘制和编辑矢量图形的工具以及制作矢量图形特殊效果的工具。有些工具按钮右下角有"黑色小三角"，表示其中有一组工具，单击即可弹出该组工具。

5. 属性栏

属性栏提供了绘制图形或控制对象属性的信息选项，所表示的内容会根据所选的对象或当前选择工具的不同而变化。

6. 绘图页面

绘图页面是进行绘图、编辑操作的工作区域，位于工作界面的中间，该区域内的图形对象可以打印出来。在无选中对象时，属性栏中显示当前页面纸张的类型、尺寸、方向、微调偏移量和再制距离等信息，如图 1-7 所示。

图 1-7　"绘图页面"属性栏

7. 页面控制栏

CorelDRAW X8 具有处理多页面文件的功能，可以在一个文件内创建多个页面。在页面标签上右击，在弹出的快捷菜单中可以对页面进行"插入"、"删除"和"重命名"等操作。

1.3　CorelDRAW X8 文件的基本操作

1. 新建文件

（1）从欢迎界面新建文件。启动 CorelDRAW X8 后，在欢迎界面中单击"新建空白文档"按钮，CorelDRAW X8 自动将新的图形文件命名为"未命名 1.cdr"，纸张类型默认为"A4"。

（2）从菜单栏新建文件。执行"文件"→"新建"命令或按快捷键"Ctrl+N"，可以新建图形文件。

（3）从标准工具栏新建文件。单击标准工具栏中的"新建"按钮，可以新建图形文件。

2．打开文件

（1）从菜单栏打开文件。执行"文件"→"打开"命令或按快捷键"Ctrl+O"，即可在弹出的"打开绘图"对话框中打开图形文件。

（2）从标准工具栏打开文件。单击标准工具栏中的"打开"按钮，同样可以在弹出的"打开绘图"对话框中打开图形文件。

3．保存文件

执行"文件"→"保存"命令或按快捷键"Ctrl+S"，或者单击标准工具栏中的"保存"按钮，均可保存图形文件。

4．关闭文件

执行"文件"→"关闭"命令，或单击菜单栏右边的"关闭"按钮 ✕，均可关闭图形文件。

5．导入文件

执行"文件"→"导入"命令或按快捷键"Ctrl+I"，或单击标准工具栏中的"导入"按钮，在弹出的"导入"对话框中选择要导入的文件。单击"导入"按钮，此时光标变为如图 1-8 所示形状。如果单击页面，即可按原尺寸导入图形文件。如果按住鼠标左键并拖动虚线框，如图 1-9 所示，则按红色虚线框的大小导入图形文件。

图 1-8　导入图形文件　　　　　　　　图 1-9　按尺寸导入图形文件

在"导入"对话框中的"导入"下拉列表中，可以选择 4 种不同的方式导入图像，如图 1-10 所示。

（1）"导入"方式：默认状态下以全图像方式导入完整图形文件。

（2）"导入为外部链接的图像"方式：导入后，如在其他软件中对该图进行修改并保存，那么在 CorelDRAW 中只要执行"位图"→"自动链接更新"命令，该图就会被更新，而不需要每次重新导入，该方式适用于印刷品类文件。

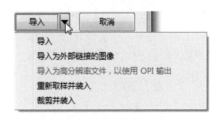

图 1-10　设置"导入"方式

（3）"重新取样并装入"方式：选择该选项后，弹出"重新取样图像"对话框，设置适当的参数，即可重新取样导入文件。

（4）"裁剪并装入"方式：选择该选项后，弹出"裁剪图像"对话框，裁剪出所需要的图像部分，单击"确定"按钮，即可导入裁剪好的图像。

6．导出文件

当绘图区有图形时，执行"文件"→"导出"命令或按快捷键"Ctrl+E"，或单击标准工具栏中的"导出"按钮 ⬆，弹出"导出"对话框，选择导出的文件类型，单击"导出"按钮。

1.4　选择工具的使用

"选择"工具 ▶ 可以选取对象、定位对象并对对象进行移动、缩放、旋转和倾斜等操作。

1．选取对象

（1）选取单个对象。选择"选择"工具 ▶，单击要选取的对象，当对象周围出现控制点时，如图 1-11 所示，表示对象被选中。

（2）选取重叠对象。按住"Shift"键，使用"选择"工具在重叠的对象上依次单击，则这些对象被依次选中。

（3）选取多个对象。选择"选择"工具，按住鼠标左键进行拖动，框选所需对象，此时在需要选取的对象四周将出现虚线框，如图 1-12 所示。双击"选择"工具，可以选中页面内所有的对象。

图 1-11　选取单个对象

图 1-12　选取多个对象

2．移动对象

选中对象后，将光标移动到对象内，当其变为 ✛ 形状时，按住鼠标左键，将对象移动到合适位置，再释放鼠标左键即可。

3．缩放对象

选中对象后，该对象周围会出现控制点，将光标移动到任意控制点上，即可对对象进行缩放，如图 1-13 所示。

图 1-13　缩放对象

4．旋转对象

双击对象，此时中心点变为 ⊙，对象四周出现"旋转"控制柄 ↲，光标指向"旋转"控制柄，拖动鼠标将以"旋转中心"为定点旋转对象。

5．倾斜对象

双击对象后，对象四边中间会出现"倾斜"控制柄 ↔ 或 ↕，将光标移至"倾斜"控制柄处，光标形状将变为 ⇄ ，拖动鼠标，可以改变对象的倾斜度。拖动对象时，按住 "Shift" 键，可以使对象只在水平或垂直方向上移动。

1.5 版面设置

在 CorelDRAW X8 中，版面的样式决定了组织文件进行打印的方式，因此，在打印文件之前，需要对页面和页面背景进行设置。

1. 页面设置

执行 "布局" → "页面设置" 命令，弹出 "选项" 对话框，如图 1-14 所示。在该对话框中可设置页面大小等各种相关参数。

图 1-14 "选项"对话框 1

（1）"大小"：设置所用纸张的尺寸。

（2）"宽度"及"高度"：设置纸张的宽度和高度的尺寸。

（3）方向按钮：设置页面的摆放方向，一般为"纵向" 或"横向" 。

（4）单位列表框 毫米 ：设置纸张的尺寸单位。

（5）"添加页框"按钮：绘制与页面同等大小的矩形线框。

（6）"渲染分辨率"：设置图形文件的分辨率。

（7）"出血"：设置颜色溢出的距离，一般为 3mm，用于防止在裁切时对作品的破坏。

（8）"保存页面尺寸"按钮 ：保存经过编辑的页面尺寸到"大小"选项中，供后续使用。

（9）"删除页面尺寸"按钮 ：删除"大小"选项中的预设页面尺寸。

2. 页面背景设置

执行 "布局" → "页面背景" 命令，弹出 "选项" 对话框，如图 1-15 所示，可设置与页面背景相关的参数。

（1）"背景"：设置绘图页面的背景，有"无背景"、"纯色"和"位图"之分。

（2）"来源"：用于设置背景位图的放置方式，一般选择使用"链接"的方式导入位图，这样可以减小文件所占空间。

（3）"位图尺寸"：用于重新设置导入的位图的尺寸。

图 1-15　"选项"对话框 2

3．插入、删除与重命名页面

（1）插入页面。执行"布局"→"插入页面"命令，弹出"插入页面"对话框，如图 1-16 所示。

（2）再制页面。执行"布局"→"再制页面"命令，弹出"再制页面"对话框，如图 1-17 所示。

图 1-16　"插入页面"对话框

图 1-17　"再制页面"对话框

在"再制页面"的"插入新页面"选项组中通过选中"在选定的页面之前"或"在选定的页面之后"单选按钮来决定插入页面的位置。通过选中"仅复制图层"或"复制图层及其内容"单选按钮，可设置再制页面的内容。

（3）重命名页面。选定要命名的页面，执行"版面"→"重命名页面"命令，弹出"重命名页面"对话框，在"页名"文本框中可输入要更改页面的名称，单击"确定"按钮，设置的页面名称将会显示在页面指示区中。

（4）删除页面。执行"布局"→"删除页面"命令，弹出"删除页面"对话框，设置要删除的某一页或所有页面。

4. 转换页面与切换页面方向

（1）转到页面。执行"布局"→"转到某页"命令，在"转到某页"微调框中设置要定位的页面，单击"确定"按钮，转到指定的页面。

（2）切换页面方向。执行"布局"→"切换页面方向"命令，在纵向与横向之间切换页面。

5. 设置显示比例

执行"窗口"→"工具栏"→"缩放"命令，打开"缩放"工具栏，设置页面的显示比例和缩放页面，如图 1-18 所示。

图 1-18 "缩放"工具栏

1.6 图形图像基础

1. CorelDRAW 色彩模式

色彩模式决定了用于显示和打印图像的颜色类型，决定了如何描述和重现图像的色彩，常见的色彩模式有 RGB、CMYK、HSB、灰度模式等。

1）RGB 模式

RGB 模式是设计工作中最常用的一种模式，由 R（Red，红色）、G（Green，绿色）、B（Blue，蓝色）3 种色光相叠加形成更多的颜色，是一种加色色彩模式，可描述约 1678 万种颜色。在 RGB 模式的图像中，每个像素有 3 个色彩信息通道，每个通道包括 0～255 级色彩信息，数值越大，颜色越浅；数值越小，颜色越深。

2）CMYK 模式

CMYK 模式的颜色也称为印刷色，由青（Cyan）、洋红（Magenta）、黄（Yellow）和黑（Black）4 种颜色以百分比（0%～100%）的形式描述，百分比越高，颜色越暗。

3）HSB 模式

HSB 模式是一种最直观的色彩模式，由 3 种特性——色相（Hue）、饱和度（Saturation）和亮度（Brightness）来制定颜色。色相是组成可见光谱的单色，即为颜色的名称；饱和度代表色彩的纯度，值为 0～100（0 为灰，100 为完全饱和）；亮度是色彩的明亮程度，值为 0～100（黑到白）。

4）灰度模式

灰度模式一般只用于灰度和黑白色中，灰度模式只有亮度是唯一影响灰度图像的因素，灰度模式由 256 个灰阶组成，即从亮度 0（黑）到 255（白）。

2. 位图

位图是由"像素"的单个点构成的图形，由"像素"的位置与颜色值表示。扩大位图尺寸时使"像素"的单个点扩大为方块状，从而使线条和形状参差不齐，颜色有失真的感觉，位图图像的质量决定于分辨率的设置。

3. 矢量图

矢量图适用于文字、图案、标志和计算机辅助设计。矢量图也称向量图，是面向对象的图像或绘图图像，可以任意放大或缩小，显示效果与分辨率无关，不会影响图像的质量。

4. 文件格式

CorelDRAW 常用的图像文件格式有 CDR、JPEG、BMP 等。

CDR 格式：CorelDRAW 的图形文件格式，不能在其他图像编辑软件中打开。

JPEG 格式：JPEG 文件的扩展名也可为.jpg，主要用于压缩图像，用最少的磁盘空间得到较好的图像质量，但在印刷图像时不宜采用此格式。

BMP 格式：BMP 格式是 Windows 操作系统中的标准图像文件格式，支持 RGB、索引、灰度和黑白色彩模式。其特点是包含的图像信息较丰富，几乎不压缩，占用磁盘空间大。

项目实施

任务 1　制作相册封面

任务展示

教学视频

任务分析

普通的相册已经让人审美疲劳了，人们想把那些旅游、聚会、家人等的珍贵照片，设计并制作成有自己风格的相册，冲印成册，闲来无事拿出来翻翻，快乐无以言表。读者可以使用 CorelDRAW，导入相册模板、相片图片，制作出更有艺术感的作品。

通过完成任务，能正确启动 CorelDRAW X8，认识其工作界面；导入图片，裁剪素材；使用选择工具，调整图形，设置多个图形的叠放顺序，保存可编辑的 CDR 格式文件。

任务实施

（1）双击桌面上的 CorelDRAW X8 快捷方式图标 ，启动 CorelDRAW X8，单击新建按钮，在"创建新文档"对话框中设置纸张宽度为 203.2mm，高度为 152.4mm，如图 1-19 所示。在属性栏中，设置纸张方向为横向。

（2）执行"文件"→"导入"命令，弹出"导入"对话框，选择正确的文件保存路径，单击文件"封面背景.png",如图 1-20 所示。单击"导入"按钮,单击绘图区中的"封面背景.png",图片以原尺寸被导入到绘图区中,选择"选择"工具 ,调整图形位置,使其在绘图区中居中。

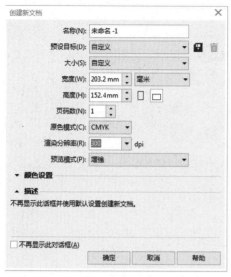

图 1-19 设置纸张大小 图 1-20 导入素材

(3)同样方法导入文件"logo.cdr",使用"选择"工具 ,调整位置,效果如图 1-21 所示。

(4)单击标准工具栏中的导入按钮 ,在弹出的"导入"对话框中,选择素材文件"1.jpg",单击"导入"下拉按钮,选择"裁剪并装入"选项,设置裁剪宽度为 500 像素,高度为 400 像素,单击"确定"按钮,如图 1-22 所示。导入素材后的效果,如图 1-23 所示。

图 1-21 导入效果图 图 1-22 裁剪参数设置

(5)使用"选择"工具,调整"1.jpg"图片到合适位置并右击,在弹出的快捷菜单中执行"顺序"→"到图层后面"命令,使用键盘上的方向键,对图片进行微调,效果如图 1-24 所示。

(6)执行"文件"→"保存" 命令或按快捷键"Ctrl+S",弹出"保存绘图"对话框,选择保存的位置,输入文件名"相册",保存类型为默认的"CDR-CorelDRAW",单击"保存"按钮,保存设计制作的源文件。

图 1-23　导入素材效果图

图 1-24　封面效果图

（7）执行"文件"→"导出"命令或单击工具栏中的导出按钮 ⬆，弹出"导出"对话框，选择保存的位置，输入文件名"封面"，保存类型选择 JPG，单击"导出"按钮，弹出对话框，如图 1-25 所示，单击"确定"按钮，保存为位图格式。

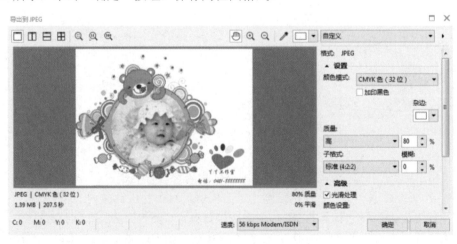

图 1-25　导出对话框

任务 2 制作相册内页

任务展示

任务分析

相册通常由若干页组成，内页图片要与封面的尺寸与风格一致。读者可以使用 CorelDRAW 的版面设置、导入图片等操作，在同一文件中的不同页面制作系列作品页，并导出可以冲印的相册作品。

通过完成任务，掌握打开 CDR 文件的操作，能按要求进行增加、重命名页面等操作，掌握导入文件、剪裁图形、选择工具、导出文件等操作的练习。

任务实施

（1）打开本项目任务 1 保存的文件，启动 CorelDRAW X8，执行"文件"→"打开"命令 或按快捷键"Ctrl+O"，弹出"打开绘图"对话框，选择文件保存路径，双击"相册.cdr"文件，打开文件。

（2）右击页面控制栏中的页面名称，弹出对话框，进行"重命名页面"操作，将页面重新命名为"封面"。

（3）执行"布局"→"插入页面"命令或单击页面控制栏中的 图标，新增页面，将其重命名为"内页 1"，效果如图 1-26 所示。

（4）执行"文件"→"导入"命令或按快捷键"Ctrl+I"，弹出"导入"对话框，选择文件"内页 1

图 1-26 页面重命名

背景.png"，单击"导入"按钮，调整图片，使其在工作区中居中，以同样方法导入文件"logo.cdr"，使用选择工具，调整位置，拖动控制点，缩放到合适的大小，效果如图 1-27 所示。

（5）单击标准工具栏中的"导入" 按钮 或按快捷键"Ctrl+I"，在弹出的"导入"对话框中，选择素材文件"6.jpg"，单击"导入"下拉按钮，选择"裁剪并装入"选项，设置裁剪宽度为 500 像素，高度为 600 像素，单击"确定"按钮，如图 1-28 所示。导入素材，在图片"6.jpg"的属性栏中，设置宽度为 126mm，高度为 152.4mm，单击"选择"工具 ，调整好位置，效果如图 1-29 所示。

图1-27　导入内页背景图

图1-28　裁剪尺寸设置

（6）右击导入的女孩图片，在弹出的快捷菜单中执行"顺序"→"到图层后面"命令，使用键盘上的方向键，对图片进行微调，效果如图1-30所示。

图1-29　调整素材的大小与位置

图1-30　图片放置到图层后面

（7）以同样的方法，导入素材文件"7.jpg"，设置宽度为500像素，高度为600像素，如图1-31所示。在图片"7.jpg"的属性栏中，设置宽度为90mm，高度为100mm，使用"选择"工具，调整好位置，如图1-32所示。

图1-31　剪裁尺寸及位置

图1-32　调整图片位置

（8）使用字体工具，设置字体为"隶书"，字号为 18 号，输入文字"丫丫工作室制作"，调整位置，效果如图 1-33 和图 1-34 所示。

图 1-33 设置字体属性   图 1-34 内页效果图

（9）执行"文件"→"导出"命令 或按快捷键"Ctrl+E"，弹出"导出"对话框，设置图形文件导出的位置，文件名为"相册页面 1"，保存类型为"JPG-JPEG 位图"。弹出"导出到JPEG"对话框，将"颜色模式"设置为"CMYK 色（32 位）"，"质量"为"高"，单击"确定"按钮，将文件导出为 JPEG 文件。

（10）执行"文件"→"保存"命令或按快捷键"Ctrl+S"来保存文件。

项目总结

本项目介绍了 CorelDRAW 的基础知识，包括 CorelDRAW 的启动和退出、工作界面、文件的基本操作、选择工具、文件格式等，包括新建和打开文件、保存和关闭文件、导入和导出文件、页面设置等，熟练地掌握上述操作可以为后续的学习打下良好基础。

用户可以收集不同区域、不同文化背景的素材，合成多姿多彩的相册作品，给生活带来无穷的乐趣。

拓展练习

（1）利用图片的导入功能，打开前面学习的任务作品"相册"，添加页面，制作如图 1-35 所示的相册内页 2。

（2）利用给定的素材进行图片合成，设计与制作 10 寸相册（尺寸宽为 25.4cm，高为 20.3cm）。

（3）CorelDRAW X8 中打开、新建、保存、导入、导出命令的快捷键分别是什么？

图 1-35 相册内页 2 效果

项目 2

基本图形的绘制——标志和标识绘制

项目导读

CorelDRAW 有基础图形绘制与编辑、颜色填充等工具组或命令，灵活应用，可以绘制出能正确传达视觉寓意的美观图形。

标志，英文俗称 Logo，是表明事物特征的记号。标志通常可分为图形标志、图文组合标志、文字标志等。公共标志是一种非商业行为的符号语言，为人类社会造就了无形价值。通过本项目的标志和标识学习与制作，培养学生增强遵守法律法规意识，提升公共素养，了解企业创新与奋进等文化通过标志的表现手法。

学习目标

- 掌握基本图形的绘制
- 掌握调色板的使用
- 掌握图形编辑操作
- 掌握渐变填充操作
- 能制作简单的标志与标识

项目任务

- 制作禁止使用手机标识
- 绘制丫丫工作室标志
- 绘制公共设施标识
- 绘制星星科技标志

 知识技能

2.1 基本图形绘制工具

1. 矩形工具

选择"矩形"工具□或直接按 F6 键，在绘图区中按住鼠标左键，从起点拖动鼠标至终点，释放鼠标左键，即可绘制矩形、圆角矩形和正方形，其属性栏如图 2-1 所示。

| x: 73.73 mm | ↔ 91.371 mm | 100.0 % | | | ⟲ .0 ° | | | | .0 mm | | | | .0 mm | | | | | △ .2 mm | ▼ | ◯ |
| y: 178.218 mm | ↕ 64.314 mm | 100.0 % | | | | | | | .0 mm | | | | .0 mm | | | | | | | |

图 2-1 "矩形"工具属性栏

（1）"x"与"y"：显示矩形对象在页面中的位置。

（2）"对象大小"：显示绘制的矩形的大小，也可自行输入数值改变大小。

（3）"缩放因素"：可按比例同时缩放长和宽，也可单独设置长宽的缩放比例。

（4）"旋转角度"：输入小于 360° 的度数，按要求进行图形的旋转。

（5）"水平镜像"按钮岫：对绘制的图形进行水平方向翻转。

（6）"垂直镜像"按钮岊：对绘制的图形进行垂直方向翻转。

（7）"边角圆滑度"：根据数值变换矩形为圆角矩形。

（8）"轮廓宽度"：在下拉列表中选择或者输入数值设置对象的轮廓宽度。

（9）"到图层前面"和"到图层后面"按钮岥 岦：当多个对象重叠时，将选中对象置于最上层或最下层。

（10）"转换为曲线"按钮◯：将矩形的直线转换为曲线再进行编辑。

2. 3 点矩形工具

选择工具箱中的"3 点矩形"工具⊟，在页面上按住鼠标左键，拖动鼠标至高的终点，释放鼠标左键，再拖动至宽的终点，完成矩形绘制。

3. 椭圆形工具

选择"椭圆形"工具○或"3 点椭圆形"工具，即可绘制椭圆形和正圆形对象。操作方法如下：选择"椭圆形"工具，在绘图区中，按住鼠标左键并拖动，可拖动出一个椭圆形或正圆形。用"选择"工具选中图形后，出现 8 个黑色小方块，其属性栏如图 2-2 所示。由于选项大多数与矩形功能相同，故这里仅对几个不同的选项加以说明。

图 2-2　"椭圆形"工具属性栏

（1）"起始和结束角度"：根据输入数值绘制弧形和饼形。

（2）"顺时针或逆时针"：设置所绘制的弧形或饼形的方向。

（3）选项分别指绘制圆形、饼形、弧形，如图 2-3 所示。

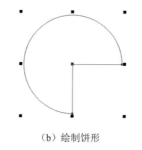
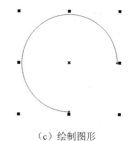

（a）绘制正圆形　　　　　　　　　（b）绘制饼形　　　　　　　　　（c）绘制图形

图 2-3　绘制的正圆形、饼形、弧形

4．多边形工具

选择"多边形"工具可以绘制多种图形形状，其属性栏如图 2-4 所示。长按"多边形"工具或单击该工具的下拉按钮，会弹出隐藏的工具，如图 2-5 所示，其使用方法与上述工具相似。

多边形、星形和复杂星形的点数或边数：确定所需要的多边形的边数，输入的数值要大于 3。

图 2-4　"多边形"工具属性栏 　　　　　图 2-5　"多边形"工具下拉列表

2.2　调色板

调色板默认的位置在工作界面的右边，默认的调色板模式是 CMYK 模式，选中图形对象后，单击"颜色"按钮，可为图形对象填充颜色，右击"颜色"按钮，可设置轮廓颜色。单击"取消颜色"按钮⊠，可取消填充色，右击"取消颜色"按钮⊠，可取消轮廓线颜色，如图 2-6 所示。

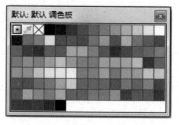

图 2-6　默认调色板

2.3　裁剪工具

选择工具箱中的"裁剪"工具，在选定图形上拖动鼠标，选定区域，按回车键，可移除选定外的区域。长按"裁剪"工具可以弹出隐藏的工具，如图 2-7 所示。

图 2-7　隐藏的工具

2.4　刻刀工具

"刻刀"工具![刻刀图标]可以将完整的矢量图形分割为多个部分，常按需要设置为"保留轮廓"和"转换对象"两种状态。其属性栏从左到右分别是 2 点线模式、手绘模式、贝塞尔模式、剪切时自动闭合、手绘平滑等，如图 2-8 所示。

图 2-8　刻刀工具属性栏

2.5　橡皮擦工具

选择"选择"工具，选中需要擦除的对象，选择"橡皮擦"工具![橡皮擦图标]可以擦除所选图形的指定位置，其属性栏如图 2-9 所示。

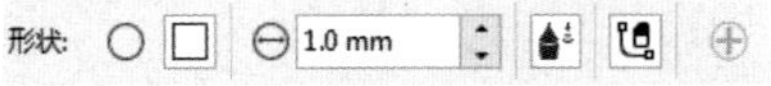

（1）"圆形或方形"按钮○：设置橡皮擦笔头的形状。

（2）"橡皮擦厚度"：输入橡皮擦笔头的大小数值或者单击文本框右侧的三角形按钮即可调整橡皮擦的厚度。

图 2-9　橡皮擦工具属性栏

（3）"笔压"按钮![笔压图标]：运用笔压控制大小。

（4）"减少节点"![减少节点图标]：消除不需要的节点，平滑擦除区域的边缘。

2.6　对象的复制与删除

1．复制对象

执行"编辑"→"复制"命令，或右击对象，在弹出的快捷菜单中执行"复制"命令，或单击工具栏中的"复制"按钮，或按快捷键"Ctrl+C"，将对象复制到剪贴板中；再执行"编辑"→"粘贴"命令，或右击对象，在弹出的快捷菜单中执行"粘贴"命令，或单击工具栏中的"粘贴"按钮，或按快捷键"Ctrl+V"。

2．再制对象

选择对象，按住鼠标左键，将其拖动到合适位置，不释放左键的同时右击，或按快捷键"Ctrl+D"完成再制对象，或执行"编辑"→"再制"命令，也可再制对象。

3．复制对象属性

选择对象，执行"编辑"→"复制属性"命令，在弹出的对话框中，有轮廓笔、轮廓色、文本属性三项可以选择。

4．删除对象

选择对象，执行"编辑"→"复制"命令，或按"Delete"键。如果需还原，可以执行"编辑"→"撤销"命令。

2.7　交互式填充工具

"交互式填充"工具 ◇ 是一种多用途填色工具。选择"交互式填充"工具，在属性栏中会显示无填充、填充单色、渐变、向量图样及位图图样等，如图 2-10 所示。

图 2-10　填充类型

色彩填充分为单色与渐变填充，渐变又分为线形、椭圆形、圆锥形、矩形 4 种，单击渐变填充，弹出的渐变填充列表如图 2-11 所示。

图 2-11　渐变填充

如果想使用不同的颜色填充，则可以直接从调色板中拖动颜色进入渐变对象的色块。

项目实施

任务 1　制作禁止使用手机标识

任务展示

任务分析

禁止使用手机的场合有飞机客舱、课堂、考试、加油站等场合。为了维护公共利益，遵守法律法规，我们应该在有类似这样的标识场合里，禁止使用手机。制作此标识时，设计者采用了红色的禁止图形与黑色、蓝色的手机图标，给人的印象是深刻，易于识别。本任务主要学习"矩形"工具、"椭圆形"工具及调色板等工具来制作。

任务实施

（1）启动 CorelDRAW X8，单击新建按钮 新建文档，在属性栏中设置纸张宽度为 100mm，高度为 100 mm。

（2）选择"椭圆形"工具 ，或按 F7 键，按住"Ctrl"键的同时绘制一个直径 50mm 的正圆，设置属性栏轮廓宽度值为 5mm，右击调色板的红色，设置轮廓色为红色，设置填充色为无填充色，效果如图 2-12 所示。

（3）选择"矩形"工具或按 F6 键，在圆形中间绘制一个矩形，设置属性栏中的对象大小的宽为 5mm、高为 49mm，分别单击、右击调色板中的红色，设置轮廓色、填充色均为红色，用选择工具把全部图形选中，点击属性栏的 ⬚ 设置为"组合对象"，设置属性栏的旋转角度为 45 度，效果如图 2-13 所示。

图 2-12 绘制圆形   图 2-13 绘制矩形旋转 45 度

（4）选择"矩形"工具或按 F6 键，单击属性栏中的圆角图标，设置矩形宽度为 20mm、高度为 38mm，圆角图标半径为 2mm，轮廓值为 0.5mm，在圆形中间绘制一个圆角矩形，具体设置如图 2-14 所示。

图 2-14 矩形属性设置

（5）右击调色板中的黑色，设置圆角矩形的轮廓色为黑色。选择"矩形"工具，又绘制一个矩形宽度 18mm、高度为 30mm，圆角图标半径为 2mm，轮廓值为 0.5mm 的圆角矩形，设置轮廓色为黑色，设置填充色为冰蓝色，执行"对象"→"顺序"命令可以调整每个图形对象的叠放顺序，使用形状工具调整两个矩形的位置，效果如图 2-15 所示。

（6）重复上述的操作方法，绘制一个矩形宽度 5mm、高度为 0.6mm，圆角图标半径为 0.2mm，轮廓值为 0.2mm 的圆角矩形。绘制一个宽、高值都是 3mm 的正圆形。调整禁止手机标识中的所有图形对象顺序与位置，效果如图 2-16 所示。

图 2-15 绘制圆角矩形   图 2-16 绘制手机图标的细节

（7）执行"文件"→"保存"命令或按快捷键"Ctrl+S"，弹出"保存绘图"对话框，选择保存的位置，输入文件名"禁止使用手机标识"，保存类型为默认的"CDR-CorelDRAW"，单击"保存"按钮，保存源文件。

（8）执行"文件"→"导出"命令或按快捷键"Ctrl+E"，导出 JPG 文件，命名为"禁止使用手机标识.jpg"。

任务2　绘制丫丫工作室标志

 任务展示

任务分析

丫丫工作室是一家专营儿童摄影、相册制作的工作室。设计者采用了 6 种颜色，造型像一个小脚丫，寓意留下儿童成长的多彩岁月，而心形造型的设计代表着工作室员工用心做事的理念。整个标志给人的感觉活泼、易识别，寓意深刻，具有儿童绘画风格。

本任务主要使用"椭圆形"工具、"多边形"工具、调色板等进行制作。

 任务实施

（1）启动 CorelDRAW X8，单击新建按钮 🗋 新建文档，在属性栏中设置"自定义"纸张宽度为50mm，高度为50 mm，如图 2-17 所示。

图 2-17　设置页面

（2）选择"椭圆形"工具 ○ 或按 F7 键，绘制一个椭圆，单击调色板中的绿色按钮 ▊，右击调色板上的按钮 ✕，取消图形的轮廓线。

（3）选择"选择"工具 ▶，单击椭圆，将鼠标移到右上角的控制点处，如图 2-18 所示，拖动鼠标，调整图形，如图 2-19 所示。

（4）按快捷键"Ctrl+C"及"Ctrl+V"或单击工具栏中的复制、粘贴按钮 🗐 🗒，复制出一个椭圆，用"选择"工具调整其大小与位置，单击调色板中的红色按钮 ▊。以同样的方法，绘制出另外 3 个椭圆，调整位置、大小、颜色，效果如图 2-20 所示。

（5）长按工具箱上的"多边形"工具 ○，弹出隐藏的工具列表，选择基本形状工具，单击属性栏中的按钮 ▢，弹出基本图形样式，如图 2-21 所示，单击按钮 ♡，绘制心形图形，单击调色板中的洋红色，用"选择"工具调整其大小与位置，完成工作室标志制作，效果如图 2-22 所示。

（6）执行"文件"→"保存"命令或按快捷键"Ctrl+S"，弹出"保存绘图"对话框，选择保存的位置，输入文件名"丫丫工作室 logo"，保存类型为默认的"CDR-CorelDRAW"，单击"保存"按钮，保存设计制作的源文件。

图 2-18　新建椭圆　　　　　　　　图 2-19　调整位置　　　　　　　图 2-20　绘制 5 个椭圆

（7）执行"文件"→"导出"命令或按快捷键"Ctrl+E"，导出 JPG 文件，命名为"丫丫工作室 logo.jpg"。

图 2-21　多边形样式　　　　　　　　　　　　　　图 2-22　工作室标志

任务 3　无障碍公共设施

任务展示

教学视频

任务分析

在公众场所里，常可以见到"无障碍公共设施"标识，根据张贴标识的环境，常见的填充颜色是绿色、蓝色、黑色，其造型像一位残疾人坐在轮椅上，形象且易识别。

本任务主要使用"椭圆形"工具、"矩形"工具、"刻刀"工具、群合对象等进行制作。

任务实施

（1）启动 CorelDRAW X8，单击新建按钮新建文档，在属性栏中设置纸张宽度为 200mm，高度为 200mm。

（2）绘制标志的人头。选择"椭圆形"工具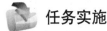或按 F7 键，按住"Ctrl"键，绘制一个直径为 13mm 的正圆。

（3）绘制标识中的身体。选择"矩形"工具或按 F6 键，选择"选择"工具，单击矩形，旋转矩形控制点，作为人的"上身"部分，如图 2-23 所示。以同样的方法，绘制 4 个矩形，调整位置，完成标识中的"人"的绘制，如图 2-24 所示。

图 2-23　绘制"上身"部分　　　　　　　　图 2-24　绘制人的身体部分

（4）绘制正圆。选择"椭圆形"工具 ○ 或按 F7 键，按住 "Ctrl"键，绘制一个直径为 50mm 的正圆。

（5）绘制"轮子"。选择"刻刀"工具，在属性栏中的"轮廓选项"设置其转换为对象

`转换为对象 ▾`，将光标移到闭合曲线（椭圆）的合适位置处并单击，拖动到圆形的另一点并双击，完成曲线裁剪。选择"选择"工具，单击被裁剪的图形，将其拖动出来，如图 2-25 所示。删除被选择图形，设置轮子的轮廓色为绿色，宽度为 5mm，如图 2-26 所示。

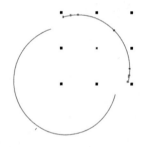

图 2-25　裁剪成两部分　　　　　　　　图 2-26　"轮子"的轮廓颜色宽度效果

小技巧 ————————————————————————————————

　　裁剪或修改对象时，可以灵活使用裁剪工具、刻刀工具、橡皮擦工具，完成图形绘制。

——

（6）调整所有的图形位置，选定所有的图形并右击，在弹出的快捷菜单中执行"组合对象"命令或按快捷键"Ctrl+G"，对所有的图形进行群组，如图 2-27 所示。单击调色板中的绿色，给所有的图形填充上绿色，完成标识制作，如图 2-28 所示。

小技巧 ————————————————————————————————

　　多个图形组成新的对象时，应该把它们群组合并，以简化后续的操作，解决误操作导致图形发生改变的问题。

——

（7）执行"文件"→"保存"命令或按快捷键"Ctrl+S"，弹出"保存绘图"对话框，选择保存的位置，输入文件名"无障碍公共设施标识"，保存类型为默认的"CDR-CorelDRAW"，

单击"保存"按钮，保存设计制作的源文件。

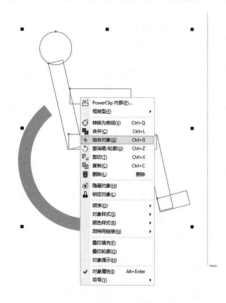

图 2-27　组合对象

图 2-28　标识效果图

（8）执行"文件"→"导出"命令或按快捷键"Ctrl+E"，导出 JPG 文件，命名为"无障碍公共设施.jpg"。

任务 4　制作星星科技企业标志

任务展示

任务分析

这是一个文字组合型企业标志，使用蓝色、白色、星星图形表现企业的以科技引领的文化及经营理念，简洁大方、动感时尚！

本任务主要使用"星形"、"渐变色填充"、"文本"、"复制"及"删除对象"等工具及命令绘制而成，使用"组合对象"命令，把所有图形与文字组合成一个图形。

任务实施

（1）启动 CorelDRAW X8，单击新建按钮新建文档，在属性栏中设置纸张宽度为 200mm，高度为 150mm。

（2）绘制"星星科技"文字。选择工具箱中的"文本"工具 字，设置字体为"楷体"，字号为 100pt，如图 2-29 所示。单击绘图区，输入文字"星星科技"，单击调色板中的青色，设置填充色为青色，右击调色板中的蓝色，设置轮廓色为蓝色。

图 2-29　字体、字号设置

（3）绘制"XING XING KE JI"。选择"文本"工具 字，设置字体为"宋体"，字号为 24pt，单击绘图区，输入文字"XING XING KE JI"，单击调色板中的白色，设置填充色为白色。右击调色板中的青色，设置轮廓色为青色，调整文字的位置，效果如图 2-30 所示。

图 2-30　文字效果图

（4）绘制正圆。选择"椭圆形"工具 ⚬ 或按 F7 键，按住"Ctrl"键，绘制一个直径为 100mm 的正圆。

（5）绘制五角星形图形。选择"星形"工具 ☆，设置边数为 5，对象大小为 26mm，其他参数设置如图 2-31 所示，绘制一个星形图形，右击调色板中的青色，设置轮廓色为青色，如图 2-32 所示。

图 2-31　属性栏参数设置 　　　　　　　　　　　　　　　图 2-32　星形图形

（6）渐变填充星形图形。选择"交互式填充"工具 ◈，单击属性栏中的渐变填充按钮 ▣，单击星形图形的左边，向右下角拖动鼠标，分别单击填充控制点，分别单击调色板中的青色和白色，设置出星形图形从左边到右下角的青色到白色的渐变效果，如图 2-33 所示。

（7）绘制所有的星形图形。在上述绘制好的星形左右两侧，分别绘制一个对象大小为 24mm、由青色到白色渐变的星形，将 3 个星形调整到正圆形的相对位置上，如图 2-34 所示。以同样的方法，分别绘制出大小为 22、20、18、14、12、10 的星形，选择"选择"工具，调整星形的位置，效果如图 2-35 所示。

图 2-33　渐变填充效果　　　　图 2-34　绘制三个星形　　　　图 2-35　绘制所有的星形图形

（8）删除用于定位的正圆形。正圆形用于星形图形定位，选择"选择"工具，单击圆形，

按"Delete"键，删除圆形。

小技巧 ——

　　设置好 1 个星形对象的颜色后，选中要复制的对象，按住鼠标左键不放，将对象向右拖动到合适的位置并右击，即可复制对象，修改其大小，以同样的方法，能快捷制作出一组星形图形。

——

　　（9）调整星形图形。选择"选择"工具，拖动出一个虚框，选中所有的星形，单击选中的图形，进入图形旋转状态，如图 2-36 所示。拖动所选中的图形，旋转星形图形，效果如图 2-37 所示。

　　（10）调整文字与星形的位置，完成标志制作。选中文字部分，将其拖动到合适位置，完成星星科技企业标志的效果图制作，如图 2-38 所示。

图 2-36　设置旋转　　　　　图 2-37　调整后的星形效果图　　　　　图 2-38　标志效果图

　　（11）选定所有的图形并右击，执行弹出快捷菜单中的"组合对象"命令或按快捷键"Ctrl+G"，对所有的图形进行群组，调整为页面居中。

　　（12）执行"文件"→"保存"命令或按快捷键"Ctrl+S"，弹出"保存绘图"对话框，选择保存的位置，输入文件名"星星科技企业标志"，保存类型为默认的"CDR-CorelDRAW"，单击"保存"按钮，保存设计制作的源文件。

　　（13）执行"文件"→"导出"命令或按快捷键"Ctrl+E"，导出 JPG 文件，命名为"星星科技企业标志.jpg"。

项目总结

　　本项目制作了 3 个企业标志和 1 个公共设施标识，设计师要在设计前做好相关调查与分析，明确图形、文字、颜色等所表达与代表的意义、情感和指令行动。

　　通过完成本项目，学习 CorelDRAW 中基本图形的绘制和编辑方法。绘制图形的工具主要有"矩形"工具、"椭圆形"工具、"多边形"工具、"星形"工具等；编辑图形的工具主要有"刻刀"工具、"橡皮擦"工具等；给图形或文字填充颜色最常用的工具是"调色板"与"交互式填充"工具。上述工具的灵活运用，能制作出设计师设计的作品。

拓展练习

　　（1）制作禁止烟火标识，效果如图 2-39 所示。

图 2-39　禁止烟火标识

（2）制作防滑公共设施标识，如图 2-40 所示。

图 2-40　防滑标识

（3）制作"御龙华庭"房地产企业标志，效果如图 2-41 所示。

图 2-41　房地产企业标志

提示

　　使用橡皮擦工具，修改素材中"龙"的图形，使用"椭圆形"、"交互式填充"等工具，完成作品制作。

（4）为一家学校（或企业）设计并制作标志。

项目 3

曲线绘制与美术字应用——卡片制作

项目导读

　　CorelDRAW 的图形绘制与编辑功能比较强大，主要有对象编辑、图框精确剪裁、美术字编辑等知识与技能。

　　卡片在产品设计中的使用场景非常广泛，主要包括了工作证、名片、VIP 卡、商品吊牌、书签、贺卡等，是常见的平面设计形式之一。卡片设计的主要要求：一是根据具体用途设计版式与色彩，既要体现功能性，又要具有良好的设计感。二是要优化信息层次，提升用户的信息浏览效率。三是遵守职业规范要求，保持认真、细致、严谨的工作态度，设置科学合理的卡片尺寸与分辨率数值等参数，达到用户或纸质卡片生产制作的工艺要求。

学习目标

- 掌握线条绘制方法
- 掌握形状工具的使用
- 掌握美术字应用
- 掌握对象的对齐和分布
- 掌握图框精确裁剪
- 能制作简单的常见卡片

项目任务

- 绘制公司工作证
- 制作名片
- 绘制 VIP 卡

 知识技能

3.1　线条绘制

1. 手绘工具

"手绘"工具 用于绘制线条和曲线，绘制过程与素描相似，长按会弹出隐藏的工具，如图 3-1 所示。

操作方法：选择"手绘"工具，单击绘图区的起点位置，移动光标到线条终止点并单击，可以绘制出一条直线。绘制曲线时，则选择"手绘"工具，在绘图区拖动鼠标，绘出手绘效果，如果终点回到始点处，则可以绘制出封闭的图形。

2. 贝塞尔工具

"贝塞尔"工具适合绘制精确、平滑的曲线，使用方法和手绘工具相似。在绘制过程中，可通过节点和控制点的位置控制曲线的弯曲度，如图 3-2 所示。绘制结束时需双击，如果绘制的最后一个节点与起点重合，则绘制出封闭的图形。

图 3-1　曲线绘制工具

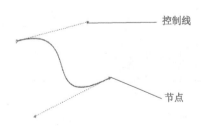

图 3-2　两点之间的曲线

3. 钢笔工具

与"贝塞尔"工具一样，钢笔工具可以随意绘制直线或曲线图形，其使用方法相同，但绘制曲线时，"钢笔"工具更为方便。

3.2   形状工具对曲线的编辑

选择工具箱中的"形状"工具，可以对曲线进行编辑，用鼠标拖动节点可移动节点位置，拖动节点控制线可以改变曲线的形态。其属性栏如图3-3所示。

图3-3   "形状"工具属性栏

（1）按钮：可以在绘制的图形上添加或减少数量。

（2）按钮：分别是连接节点或断开节点。连接节点是指将断开的节点连接成封闭的曲线，断开节点是将选择的图形在节点处断开。

（3）按钮：可以将直线锚点转换为曲线或将曲线转换为直线。

（4）按钮：分别为尖突节点、平滑节点、对称节点。尖突节点可以使曲线方向分开移动，平滑节点可以使用长短不同但可同时移动的方向杆，对称节点则使方向杆对称移动且长短一致。

（5）按钮：选择全部节点。

3.3   美术文本

选择"文本"工具或按F8键，单击绘图区，然后输入相应文字即可。其属性栏如图3-5所示。这里仅对美术字选项加以说明。

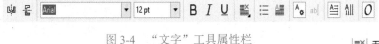

图3-4   "文字"工具属性栏

（1）B I U：给文字分别增加或取消加粗、倾斜、下画线的效果。

（2）文本对齐：单击文本对齐按钮，弹出文本对齐选项，如图3-5所示。

（3）：设置文本编号。

（4）文字方向：分别用于设置文字的横向、竖向。

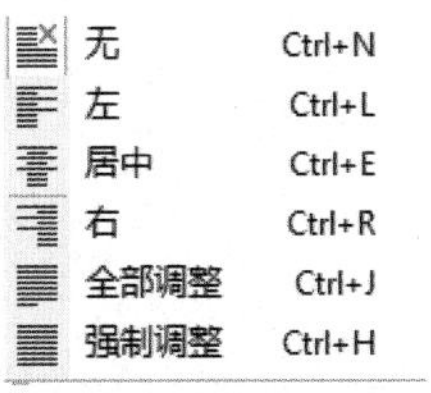

	无	Ctrl+N
	左	Ctrl+L
	居中	Ctrl+E
	右	Ctrl+R
	全部调整	Ctrl+J
	强制调整	Ctrl+H

图3-5   文本对齐样式

3.4   对象的复制、对齐和分布

执行"对象"→"对齐与分布"命令或按"Ctrl+Shift+A"组合键，弹出"对齐与分布"

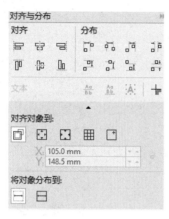

图 3-6 "对齐与分布"对话框

对话框，如图 3-6 所示。可以选择"左对齐"、"右对齐"、"顶端对齐"、"底端对齐"、"水平居中对齐"、"垂直居中对齐"的对齐方式，或选择"在页面居中"、"在页面水平居中"、"在页面垂直居中"、"对齐和分布"。

3.5 图框精确剪裁

单击图像，执行"对象"→"PowerClip"→"置于图文框内部"命令，当光标变为 ➡ 时，将该箭头指向图形并单击，即可将选择的图像放入指定的图形内，容器之外的图像即被剪除。

如果不满意效果，可以选中被裁剪的对象，执行"对象"→"PowerClip"→"编辑 PowerClip"命令，可以对置入对象进行修改，但编辑后需执行"对象"→"PowerClip"→"结束编辑"命令，才能回到绘图工作区中。

从 CorelDRAW X6 版本起，软件新增了"内容居中"、"按比例调整内容"、"按比例调整填充框"、"延展内容以填充框"等，具体操作方法在后续的任务中说明。

项目实施

任务 1 制作工作证

任务展示

教学视频

任务分析

此工作证运用流畅动感的流线型图形加以修饰，象征企业的欣欣向荣。常见的工作证标准尺寸是 85.5mm×54mm、70mm×100mm，每个单位（公司）可以根据自身需要决定工作证的尺寸。本任务制作的工作证成品是 70mm×100mm，上下左右各加上 2mm 的出血位，尺寸定为 74mm×104mm。

本任务主要了解工作证制作的基本知识，主要学习运用"贝塞尔"工具、"形状"工具，
"对象对齐和分布" 等命令，熟练掌握"交互式填充"工具的渐变色填充应用。

 任务实施

（1）启动 CorelDRAW X8，单击新建按钮 新建文档，在属性栏中设置纸张宽度为 74mm，
高度为 104mm，纸张方向是纵向。

（2）双击"矩形"工具，快捷制作出一个与工作区一样大小的矩形。将光标移到调色板的
青色按钮上右击，为矩形的轮廓填充青色。

（3）选择"贝塞尔"工具，在图形的节点处单击，绘制图形结束时，需双击第一个绘制的
节点，完成图形的初稿绘制，如图 3-7 所示。

（4）选择"形状"工具，单击其下方的线条，单击属性栏中的转换为曲线按钮，拖
动线条成为曲线，效果如图 3-8 所示。

（5）右击调色板中的青色，设置图形轮廓色，选择"交互式填充"工具，在属性栏中单
击渐变填充，拖动滑块，双击控制路径，在中部增加一个滑块，分别给滑块设置颜色为青、白、
青，效果如图 3-9 所示。

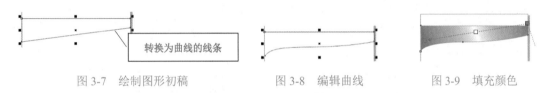

图 3-7　绘制图形初稿　　　　图 3-8　编辑曲线　　　　图 3-9　填充颜色

（6）复制上述绘制的图形，右击调色板的白色，设置图形的轮廓色为白色；使用"选择"
工具，调整其位置；选择"交互式填充"工具，填充颜色为（C62，M0，Y18，K0）、白色、
（C29，M0，Y10，K0），选择"形状"工具，修改两个图形的形状，对这两个图形进行群组，
合为一个对象，效果如图 3-10 所示。

（7）选择"选择"工具，单击上述绘制的图形，按住鼠标左键，拖动到工作区底部，不
释放鼠标左键的同时右击，快速复制出一个一样的图形，如图 3-11 所示，单击新复制出的图
形，分别单击属性栏上的水平、垂直镜像按钮，效果如图 3-12 所示。

（8）选择"形状"工具，对图形形状进行调整，效果如图 3-13 所示。

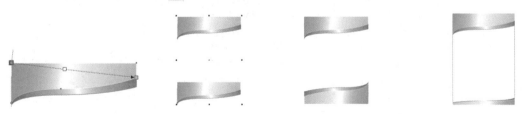

图 3-10　群组后的图形　　图 3-11　复制图形　　图 3-12　镜像后的效果　　图 3-13　编辑曲线后的效果

（9）选择"贝塞尔"工具，单击起点，在终点处按住鼠标左键，拖动线条为合适的图形，
释放鼠标左键，右击调色板的白色，设置轮廓色为白色，效果如图 3-14 所示。

（10）以同样的方法，绘制另一条曲线，效果如图 3-15 所示。

图 3-14　绘制一条白色曲线

图 3-15　绘制白色曲线效果图

（11）导入素材中的"星星科技公司标志"，使用"矩形"工具，尺寸为 35mm×53mm。

小技巧

工作证上通常贴 1 寸或 2 寸的照片，其尺寸分别是 25mm×35mm、35mm×53mm，要根据需要绘制图形。

（12）选择工具箱中的"文本"工具 字，设置字体为"宋体"，字号为 25pt，单击绘图区，输入文字"工作证"。

（13）选择工具箱中的"文本"工具 字，设置字体为"宋体"，字号为 15pt，单击绘图区，输入文字"广西星星科技有限公司"。

（14）选择"选择"工具 ，选择绘制的贴照片的矩形、所有的文字，执行"对象"→"对齐和分布"→"在页面水平居中"命令，如图 3-16 所示。调整好文字与图形的位置，完成工作证的绘制。

图 3-16　"对齐和分布"设置

（15）执行"文件"→"保存"命令或按快捷键"Ctrl+S"，保存文件为"星星科技公司工作证.cdr"。

（16）执行"文件"→"导出"命令或按快捷键"Ctrl+E"，导出 JPG 文件，命名为"星星科技公司工作证.jpg"。

任务 2   制作名片

任务展示

教学视频

任务分析

名片设计要简洁，突出文本信息。此名片中的企业标志以暖色为主，采用了三角造型的色块、变化的曲线，既突出家的温馨感，又体现了企业的现代、时尚的家装文化。名片的文字采用深蓝色，容易让人对企业员工产生成熟、可信度高的感觉。通常，名片标准尺寸是 90mm×54mm，出血位上下左右各 2mm，因此本任务的作品设定为 94mm×58mm，但也有的广告公司只在上边与右边设置出血，作品设置为 92mm×56mm，设计者要依据客户及印刷单位的具体情况，设计与制作作品。本任务主要运用"钢笔"工具、"形状"工具、"交互式填充"工具、"渐变色填充"工具、"文本"工具等工具或命令制作。

任务实施

（1）启动 CorelDRAW X8，单击新建按钮 新建文档，在属性栏中设置纸张宽度为 94mm，高度为 58mm。

（2）绘制企业标志。

① 选择"多边形"工具，在属性栏设置边数值为 3，锐度为 1，轮廓值为 1.5mm，按"Ctrl"键，绘制一个等边三角形，如图 3-17 所示。

图 3-17   绘制三角形

② 选择"选择"工具 ，单击对象控制点，拖动鼠标到合适的位置，不释放鼠标左键的同时右击，快捷复制出一个三角形图形。以同样的方法，复制出第 3 个三角形。

③ 选择"选择"工具 ，选择 3 个三角形图形，执行"对象"→"对齐和分布"→"底端对齐"命令。

④ 选择"选择"工具 ，分别单击 3 个三角形图形，单击调色板中相应的颜色，分别设置三角形填充色为红、黄、青色，效果如图 3-18 所示。

图 3-18   绘制 3 个三角形

⑤ 选择"钢笔"工具，绘制图形，如图 3-19 所示；选择"形状"工具 ，选择全部节点，单击属性栏中的按钮 ，把直线全部转换为曲线，调整节点控制节点及节点控制线的位置，完成图形形状的修改，效果如图 3-20 所示；单击调色板中的橘

红色，设置填充色为橘红色；单击调色板中的白色，设置图形的轮廓色为白色，设置轮廓值为1mm。

图 3-19　绘制图形

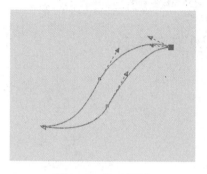

图 3-20　修改图形

图 3-21　企业标志效果图

⑥ 选择"选择"工具 ，分别单击所绘图形，调整图形的位置，将其放置在前面绘制的三角图形上。全选所绘制的图形并右击，在弹出的快捷菜单中，执行"组合对象"命令，调整图形大小，完成企业标志的制作，效果如图 3-21 所示。

（3）绘制名片底部左边的三角形。选择"钢笔"工具，在绘图工作区中，分别在第一个、第二个、第三个节点对应的位置单击，然后双击第一个节点，完成一个三角形图形的绘制。选择"交互式填充"工具 ，单击属性栏中的渐变填充按钮，再单击椭圆填充按钮，设置颜色为橘红色、红色、蓝色，如图 3-22 所示。

（4）以同样的方法，绘制一个同高度的三角形。单击右边的三角形，选择"交互式填充"工具，单击线性渐变填充按钮，设置颜色为黄色、橘红色，效果如图 3-23 所示；调整两个三角形的位置，效果如图 3-24 所示。

图 3-22　设置左侧三角形

图 3-23　绘制一个同高度的三形

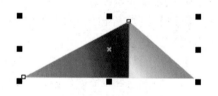

图 3-24　调整两个三角形的位置

（5）选择工具箱中的"文本"工具 ，设置字体为"隶书"，字号为 16pt，单击绘图区，输入文字"美艺家装有限公司"，调整文本到合适位置。

（6）选择工具箱中的"文本"工具 ，设置字体为"隶书"，字号为 36pt，单击绘图区，输入文字"张迁"，选择"选择"工具 ，单击文本，调整页面高度的位置，执行"对象"→"对齐和分布"→"在页面水平居中"命令。

（7）选择工具箱中的"文本"工具 ，设置字体为"隶书"，字号为 18pt，单击绘图区，输入文字"家装顾问"，调整文本到合适位置。

（8）选择工具箱中的"文本"工具 ，设置字体为"隶书"，字号为 10pt，单击绘图区，输入文字"电话：13977001818"，按回车键，继续输入文字"网址：www.meiyi.com"，按回车键，继续输入文字"公司地址：广西南宁星光大道 X 号"。

（9）调整绘图区中的所有文字与图形的位置，完成名片制作。

（10）执行"文件"→"保存"命令或按快捷键"Ctrl+S"，保存文件为"美艺家装名片.cdr"。

（11）执行"文件"→"导出"命令或按快捷键"Ctrl+E"，导出为 JPG 文件，命名为"美艺家装名片.jpg"。

任务 3　VIP 卡制作

 任务展示

 任务分析

VIP 卡在设计方面，通常既要精美又要能体现企业内涵，其要素有企业名称、编号、使用说明、签名位置等，其尺寸与银行卡一样，分正反两面。本任务的 VIP 卡设计重点体现企业的美容用品是使用植物精华制作的，突出"健康"、"美丽"的理念，整体设计流畅、大方、新颖。本任务主要使用"形状"工具、"文字转换为曲线"工具、"交互式填充"工具、"图框精确剪裁"等工具和命令。

 任务实施

（1）启动 CorelDRAW X8，新建文档，在属性栏中设置"自定义"纸张，宽度为 94mm，高度为 58mm。

（2）设置页面名称。右击页面控制栏上的页面名称，弹出对话框，单击"重命名页面"按钮，将其重新命名为"正面"。

（3）制作 VIP 卡正面。

① 双击"矩形"工具，制作出一个与工作区一样大小的矩形。将光标移到调色板中的红色按钮上右击，为矩形的轮廓填充红色。

② 单击矩形属性栏中的圆角按钮，设置数值为 4mm，具体设置如图 3-25 所示。按回车键，完成圆角矩形的绘制。

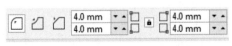

图 3-25　矩形的属性设置

③ 制作 VIP 卡的艺术文字。选择工具箱中的"文本"工具 ，设置字体为"宋体"，字号为 60pt，单击绘图区，输入字母"VIP"；选择"交互

式填充"工具，单击线性填充按钮，双击控制性，增加一个色块，分别给这 3 个色块的颜色设置为黄色、橘红色、黄色，效果如图 3-26 所示。

④ 把文字转换为曲线。右击文字，在弹出的快捷菜单中执行"转换为曲线"命令，选择"形状"工具，文字曲线出现了可调整的节点，如图 3-27 所示。

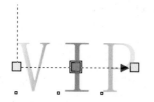

图 3-26　线性渐变填充效果

图 3-27　文字转换为曲线

小技巧

文本和绘制的基本图形都需要"转换为曲线"，才能使用"形状"工具进行编辑。

⑤ 依据需要，删除或拖动需调整的节点，效果如图 3-28 所示。

⑥ 选择工具箱中的"文本"工具，设置字体为"隶书"，字号为20pt，单击绘图区，输入文字"贵宾卡"，将其调整到合适位置；右击调色板中的按钮区，设置无轮廓填充色；使用交互式填充工具，单击线性渐变填充按钮，在文字上水平拖动出控制线，设置色块分别为红色、橘红色，效果如图 3-29 所示。

图 3-28　文字变形效果

图 3-29　填充文字渐变效果

⑦ 选择工具箱中的"文本"工具，设置字体为"隶书"，字号为24pt，单击绘图区，输入文字"花之容美容会所"，无填充色，设置轮廓色为红色。

图 3-30　调整文字位置

⑧选择工具箱中的"文本"工具，设置字体为"隶书"，字号为18pt，单击绘图区，输入文字"NO:201700000X"，设置轮廓色与填充色都为红色，调整所有文字的位置，效果如图 3-30 所示。

⑨导入图片素材。执行"文件"→"导入"命令，选择正确的文件路径，按"Ctrl+I"快捷键，同时选择需导入的所有图片文件，单击"导入"按钮，逐个单击工作区，完成素材导入操作。

⑩图框精确剪裁图片。单击素材图片，执行"对象"→

"PowerClip"→"置于图文框内部"命令，如图 3-31 所示。当光标变为➡时，将该箭头指向圆角矩形并单击。

- 以同样的操作方法，把导入的素材图片放置于圆角矩形中。
- 执行"对象"→"PowerClip"→"编辑 PowerClip"命令，进入图框精确剪裁的编辑区，调整图片大小及位置，效果如图 3-32 所示。

图 3-31　图框精确剪裁

图 3-32　编辑图片

⑬单击"对象"→"PowerClip"→"结束编辑"命令，或右击图形，在弹出的快捷菜单中，选择"结束编辑"命令，如图 3-33 所示，回到绘图工作区中。以同样的方法，对所有导入的素材进行位置与大小调整，完成卡片的正面制作。

（4）制作 VIP 卡反面。

① 单击页面控制栏中的 图标，新增页面，重命名为"反面"。

② 与卡片正面的绘制方法相同，绘制一个宽 94mm、高 58mm、圆角尺寸为 4mm、红色轮廓的矩形。

图 3-33　结束编辑

③ 输入宋体、字号 12 号的美术字"有效期 2018 年 1 月至 12 月"，设置水平居中。

④ 绘制一个矩形，宽度为 94mm，高度为 13mm，无轮廓色，设置渐变线性填充，填充色分别为黑色、灰色、黑色。

⑤ 绘制一个矩形，选择"交互式填充"工具，在其属性栏中单击底纹填充按钮，选择"样本 6"选项，再选择要填充的底纹，如图 3-34 所示，填充后的效果如图 3-35 所示。

图 3-34　底纹填充属性设置

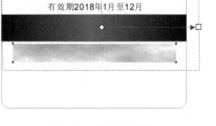

图 3-35　填充效果图

⑥ 将正面绘制的"VIP"图形复制到反面，调整其大小，放置到左下角位置，如图 3-36 所示。

⑦ 输入备注说明的文字，调整其大小、位置，完成卡片的反面制作，效果如图 3-37 所示。

图 3-36　复制 VIP 图形

图 3-37　反面效果图

小技巧

对多个对象进行排版、对齐时，灵活运用"对象"→"对齐和分布"命令，能提高排版的速度与质量。

（5）执行"文件"→"保存"命令或按快捷键"Ctrl+S"，将文件命名为"VIP 名片.cdr"，单击"保存"按钮。

项目总结

本项目制作了工作证、名片、VIP 卡。设计师在设计与制作作品时，要正确表达信息，灵活应用图形、文字、颜色等，体现作品的意义、情感或企业的文化。

通过完成本项目，读者可学习 CorelDRAW 中曲线绘制和编辑的方法。主要学习了以下内容："手绘"工具、"贝塞尔"工具、"钢笔"工具等曲线绘制工具的使用；绘制的曲线、文本及基本图形转换后的曲线都能使用"形状"工具进行编辑处理；"图框精确剪裁"命令是编辑、裁剪图像的常用工具；加强了对"交互式填充"工具的学习与应用。

拓展练习

（1）挂牌卡片的设计及制作方法有共同之处，借鉴本项目任务 1 的制作技巧，制作中职学生技能竞赛参赛证，尺寸是 74mm×104mm（已含上下左右各 2mm 出血位），其正反面效果如图 3-38 所示。

提示

文字工具属性栏中的按钮 ⿰分别用于设置文字的横向、竖向；贴照片的框用于贴一寸照片，其尺寸是 2.5×3.5cm。

（2）制作名片模板，名片的正面效果如图 3-39 所示，请设计同风格的名片背面。

图 3-38　参赛证正反面效果

图 3-39　名片正面效果

提示

　　企业标志的绘制，可以运用"椭圆形"工具、"矩形"工具、"钢笔"工具绘制，使用图框精确剪裁命令、形状工具进行图形编辑。当学习完项目 4 后，标志中的部分图形，可采用"对象的合并与修剪"按钮来绘制，能简化操作、提高效率。

　　（3）制作校园智能卡，其正反面效果如图 3-40 所示。

图 3-40　校园智能卡正反面效果

项目 4

对象编辑——海报制作

项目导读

　　CorelDRAW 中对象的造型、变换、艺术笔、轮廓笔等工具和命令，具有灵活而且又非常实用的绘图功能，能较快速地绘制、修饰、美化图形。

　　海报是广告的一种，最早用于戏剧、影视、赛事等活动宣传，是招贴中的特殊形式。其优点是传播信息及时、成本费用低、制作简便。海报一般可分为公共海报与商业海报。公共海报以社会公益性问题、文体活动等为题材；商业海报设计常以促销为目的，迎合消费者心理、突显商品特色及卖点等。通过本项目任务的分析与制作，分别培养了以下素质：提升学生环境保护的绿色发展意识；培养学生尊老爱幼和传承中华优秀文化的意识；培养学生关注文化产业发展的意识。

学习目标

- 对象造型
- 对象变换
- 艺术笔
- 轮廓笔

项目任务

- 制作公益海报
- 制作活动宣传海报
- 制作旅游促销海报

 知识技能

4.1 对象的造型

对象的造型有合并、修剪、相交、简化、移除后面对象、移除前面对象、创建边界。在对多个对象进行造型处理时，先使用"选择"工具选中多个对象，再执行"对象"→"造型"命令，选择相应的选项，或单击属性栏中对应的对象造型按钮，如图4-1所示。

图4-1 对象造型按钮

以下是对"合并"、"修剪"、"相交"知识与技能操作的介绍，其他造型的操作与此相似，在此不再一一说明。

1. 合并

合并是指将多个相互重叠或相互分离的图形合并成一个新的图形。该图形以被合并图形的边界为其轮廓，并且所有的线条都将消失。对于重叠的图形，创建的图形将只有一个轮廓；对于不重叠的图形，将形成一个单一图形。

操作方法：用"选择"工具选中所有要合并的图形，执行"对象"→"造型"→"合并"命令，或单击属性栏中的合并按钮 ⬚。

2. 修剪

修剪是通过将目标图形覆盖或者将被其他图形覆盖的部分清除来产生新的图形，新图形的属性与目标图形一致。

操作方法：用"选择"工具选中所有要修剪的图形，执行"对象"→"造型"→"修剪"命令，或单击属性栏中的"修剪"按钮 ⬚。

3. 相交

相交是指将两个或更多重叠图形的相交部分作为一个新的图形。

操作方法：用"选择"工具选中所有要修剪的图形，执行"对象"→"造型"→"相交"命令，或单击属性栏中的"相交"按钮 ⬚。

4.2 对象变换

使用"变换"泊坞窗可以精确地移动对象、旋转对象、缩小对象、倾斜对象等。

1. 移动对象

使用"位置"命令可以精确移动对象。

操作方法：选中对象，执行"对象"→"变换"→"位置"命令，打开"变换"泊坞窗中的位置面板，如图4-2所示。

"X"选项用于设置对象所在位置的横坐标；"Y"选项用于设置对象所在位置的纵坐标；"相对位置"是指对象相对于原位置进行移动；"副本"用于设置复制对象的个数。设置好参数后，单击"应用"按钮，即可将对象进行精确移动或移动复制。

2. 旋转对象

使用"旋转"命令可以精确移动对象。

操作方法：选中对象，执行"对象"→"变换"→"旋转"命令，打开"变换"泊坞窗中的旋转面板，如图4-3所示。

图4-2　位置变换面板

图4-3　旋转变换面板

面板中的"角度"参数用于设置旋转的角度；在"中心"选项组中，通过设置水平和垂直方向的参数值，可以确定对象的旋转中心；指示器中可选择旋转中心的相对位置；副本是指复制对象的个数。

3. 缩放和镜像对象

使用"缩放和镜像对象"命令可以精确地缩放对象。在"变换"泊坞窗中，单击"缩放和镜像对象"按钮，在打开的面板中，"X"选项用于设置对象水平方向的缩放比例，"Y"选项用于设置对象垂直缩放比例，通过水平或垂直镜像按钮，可以设置对象的水平或垂直镜像。

4. 对象大小

使用"对象大小"命令可以精确地改变对象大小。在"变换"泊坞窗中，单击"对象大小"按钮，在打开的面板中，"X"、"Y"选项分别用于设置对象的水平、垂直方向；选中"按比例"复选框后，改变其中一个方向的大小，另一个方向的大小也会相应变化。

5. 倾斜对象

使用"倾斜对象"命令可以精确地倾斜对象。其操作方法与上述对象变换操作相似，在此不再一一说明。

4.3　艺术笔工具

"艺术笔"工具可以模拟现实中的毛笔、钢笔的笔触图形，还可以绘制各种预设图案。选择工具箱中的"艺术笔"工具 ，在属性栏中可以看到 5 种模式："预设" 、"笔刷" 、"喷涂" 、"书法" 、"压力" ，可设置手绘平滑度及笔触大小等，如图 4-4 所示。

图 4-4　"艺术笔"工具属性栏

1. "预设"艺术笔

"预设"模式提供了可选择的多种线条类型。单击"艺术笔"工具属性栏中的"预设"按钮 ，单击"预设笔触"下拉按钮 ，在下拉列表中选择所需线条模式，设置手绘平滑度与笔触大小写 。在工作区中，拖动鼠标即可绘制所需图形。如果想要对绘制的图形进行调整，则可以使用形状工具，对图形上的节点进行调整，如图 4-5 所示。

图 4-5　使用形状工具修改图形

2. "笔刷"艺术笔

"笔刷"模式主要用于模拟笔刷绘制的效果。单击"艺术笔"工具属性栏中的"笔刷"按钮 ，再单击"类别"下拉按钮，在下拉列表中有"艺术"、"书法"、"对象"、"滚动"、"感觉的"、"飞溅"、"符号"、"底纹" 8 种类别。设置属性栏中的笔触类别、笔刷笔触参数后，按住鼠标左键，按所需路径拖动即可绘制图形，如图 4-6 所示。

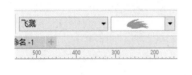

图 4-6　绘制"飞溅"类别的图形

3. "喷涂"艺术笔

"喷涂"模式是以一组图案作为笔触来进行绘制的，可以对图案的大小、间距、旋转进行设置，如图 4-7 所示。单击属性栏中的"喷涂"按钮 ，然后单击"类别"下拉按钮，在下拉列表中选择需要的笔触形状，设置喷涂对象大小，按住鼠标左键，按所需路径拖动即可绘制相应的效果。

图 4-7　"喷涂"艺术笔属性栏

4. "书法"艺术笔

该模式通过计算机曲线的方向和笔头角度来更改笔触的粗细，从而模拟出书法的艺术效果。单击"书法"按钮 📖 ，设置笔触宽度为 ◼ 24.0 mm ⬦ ，笔触的角度为 ∠ .0 ⬦ 后，按住鼠标左键并拖动，即可绘制图形。

5."压力"艺术笔

该模式用于模拟使用压感笔绘画效果，操作方法与上述艺术笔模式类似。

4.4 轮廓笔工具

"轮廓笔"工具 📖 能精确设置轮廓线的颜色、粗细与样式。

1. 设置轮廓线颜色

选中对象，选择"轮廓笔"工具 📖 ，在其下拉列表中，单击"轮廓色"或按快捷键"Shift+F12"，弹出"选择颜色"对话框，设置好颜色后，单击"确定"按钮，如图 4-8 所示。

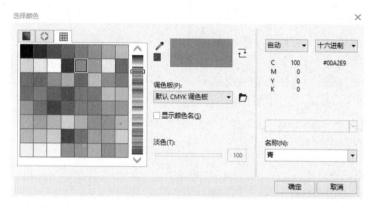

图 4-8　设置轮廓线颜色

图 4-9　"轮廓笔"对话框

2. 设置轮廓线

选中对象，选择"轮廓笔"工具 📖 ，在其下拉列表中选择"轮廓笔"选项或按"F12"键，弹出"轮廓笔"对话框，设置好线条的宽度、样式、角、线条端头等参数后，单击"确定"按钮，如图 4-9 所示。

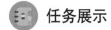

任务1　制作公益海报

任务展示

教学视频

任务分析

此作品应用醒目、精炼的文字表述了主题寓意。广告中"水"的图形造型、净水的蓝色及污水的黑色对比产生了强烈的视觉冲击效果，生动地表述了工业用水与生活用水的过滤意义，具有极强的宣传效果。本任务主要使用"对象造型"工具、"艺术笔"工具、"对象变换"等工具或命令制作。

任务实施

（1）启动 CorelDRAW X8，单击"新建"按钮 新建文档，在属性栏中设置纸张为 A3，宽度为 297mm，高度为 420mm，纸张方向是纵向。

（2）绘制青色轮廓的矩形。双击"矩形"工具，制作出一个与工作区一样大小的矩形。右击调色板中的青色按钮，矩形轮廓填充青色，在属性栏中设置轮廓宽度为 4mm。

（3）绘制两色的水滴图形。

① 选择"基本形状"工具，在属性栏中单击 按钮，在弹出的下拉列表中，单击水滴图形按钮，在绘制工作区中绘制水滴，如图 4-10 所示。

② 按快捷键"Ctrl+Q"，或右击图形，在弹出的快捷菜单中执行"转换为曲线"命令，选择"形状"工具，调整节点，编辑曲线，完成水滴图形的编辑，如图 4-11 所示。

③ 选择"矩形"工具，在绘图工作区中拖动鼠标绘制一个矩形，调整其位置，使其与水滴图形中部重叠，如图 4-12 所示。

④ 选择"选择"工具，把两个图形选中，单击属性栏中的相交按钮，得到一个新的图形；使用选择工具，单击矩形，用删除键删除矩形。

⑤ 设置对象相交绘制出的图形的填充色为黑色，水滴图形的轮廓与填充色为青色，效果如图 4-13 所示。

图4-10　绘制水滴

图4-11　修改形状

图4-12　矩形与水滴相交

图4-13　填充颜色

（4）绘制一组圆形。

① 选择"椭圆形"工具，按"Ctrl"键，绘制一个正圆，宽、高均为 5mm，分别单击、右击调色板中的青色，设置轮廓与填充色为青色。

② 执行"对象"→"变换"→"位置"命令，在弹出的泊坞窗中设置参数，如图4-14所示，单击"应用"按钮，复制出一组圆形，调整其位置，如图4-15所示。

图4-14　参数设置

图4-15　对象位置变换

（5）选择"艺术笔"工具，单击属性栏中的"笔刷"按钮，设置类别为"艺术"，"笔刷笔触"，如图4-16所示。在水滴下方绘制出一组图形，分别设置为不同灰度的黑色。

图4-16　"笔刷"按钮的类别与"笔刷笔触"设置

图4-17　作品效果图

（6）选择"文本"工具，设置字体为"微软雅黑"，字号为100pt，单击绘图区，输入文字"莫让净水变污水"，设置字体颜色并将其水平居中。

（7）选择"文本"工具，设置字体为"微软雅黑"，字号为66pt，单击绘图区，分别输入文字"生活用水"、"工业用水"，设置颜色并调整其位置。

（8）以同样的操作方法，分别输入文字"过滤"、"珍惜水资源是人类共同责任"，分别设置颜色、字号，调整文字的位置，完成作品制作，效果如图4-17所示。

（9）执行"文件"→"保存"命令或按快捷键"Ctrl+S"，保存文件为"公益广告.cdr"。执行"文件"→"导出"命令或按快捷键"Ctrl+E"，导出 JPG 文件，命名为"公益广告.jpg"。

任务2 制作活动宣传海报

任务展示

任务分析

此作品主要采用了蓝色系与橙色系为主的色彩搭配，产生了强烈的对比视觉效果。其中，在海报主题设计中，应用了"儿童字体"，绘制了"云朵"、"彩虹"等，产生了富有童趣的艺术感。本任务主要使用"对象合并"、"对象旋转变换"、"多边形"、"轮廓笔"等工具或命令来制作。

 任务实施

（1）新建文档，在属性栏中设置"A2"纸张，宽度为420mm，高度为594mm。

（2）绘制海报背景。

① 双击"矩形"工具，制作出一个与工作区一样大小的矩形。选择"交互式填充"工具，单击属性栏中的"渐变填充"按钮，单击矩形，按住鼠标从上到下拖动，双击控制线的中部，添加色块，分别给色块填充橘红色、浅黄色、橘红色，如图4-18所示。

图4-18 填充渐变背景色

② 选择"星形"工具，在工作区中绘制出一个星形，设置其"轮廓"与"填充色"均为黄色，设置属性栏的参数："点数或边数"为40，"锐角"为90，"轮廓笔"为0.2mm，效果如图4-19所示。

③ 选择"钢笔"工具，绘制一个"三角形"图形，设置轮廓线为黄色，设置填充色为从"白色到黄色"的渐变填充。分别两次单击三角形图形，拖动中心点到合适的位置，如图4-20所示。

④ 执行"对象"→"变换"→"旋转"命令，在弹出的对话框中设置参数：旋转角度为-30，副本为7，如图4-21所示。单击"应用"按钮，完成图形绘制。选择"选择"工具，选中这组图形，按快捷键"Ctrl+G"或右击，在弹出的快捷菜单中执行"组合对象"命令，把这

组三角形组合成一个图形，如图 4-22 所示。

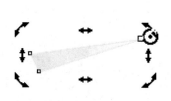

图 4-19　绘制星形图形　　　　图 4-20　调整图形的相对中心　　　图 4-21　设置对象旋转变换参数

⑤ 选中星形图形，执行"对象"→"PowerClip"→"置于图文框内部"命令，选中矩形图形，把星形图形置于矩形中。以同样的方法，把绘制好的一组三角形图形置于矩形图形中。

⑥ 执行"对象"→"PowerClip"→"编辑 PowerClip"命令，进入图框精确剪裁的编辑区，调整图形大小及位置，执行"对象"→"PowerClip"→"结束编辑"命令，完成背景制作，效果如图 4-23 所示。

图 4-22　绘制一组三角形　　　　　　　　　　　图 4-23　背景效果图

（3）绘制云朵。

① 选择"椭圆形"工具，绘制一组椭圆，效果如图 4-24 所示。

② 选择"选择"工具，选中这组椭圆图形，单击属性栏中的"合并"按钮 ，右击调色板中的"无填充"按钮 ，效果如图 4-25 所示。

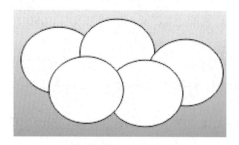

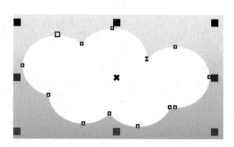

图 4-24　绘制一组椭圆　　　　　　　　　　　图 4-25　合并对象

③ 把合并后的对象复制两份，调整这3个图形的大小与位置，把中间的图形填充为冰蓝色。选择"选择"工具，选中这组图形，按快捷键"Ctrl+G"，把这组图形组合成一个图形，完成一朵"云朵"绘制，效果如图4-26所示。

④ 复制多朵"云朵"，调整其不同的大小与位置。

（4）导入素材。执行"文件"→"导入"命令，弹出"导入"对话框，选择正确的文件保存路径，选择文件"彩虹.cdr"，单击"导入"按钮，单击工作区，导入素材，调整"彩虹"的大小与位置，效果如图4-27所示。

图4-26 "云朵"效果图

图4-27 调整"彩虹"、"云朵"的大小与位置

（5）输入主题。

① 选择"文本"工具，设置字体为"方正少儿"，分别输入"六一儿童节"，单击调色板中的青色，设置填充色为青色。选择"轮廓笔"工具，在弹出的对话框中，设置轮廓笔的颜色为白色，轮廓线宽度为2mm，单击"确定"按钮，如图4-28所示。

② 选择"文本"工具，设置字体为"葵恩君合并"，字号为118pt，单击绘图区，输入文字"Happy"，选择"交互式填充"工具，设置从右到左依次为"红、橙、黄、绿、蓝"的渐变颜色，设置颜色并水平居中。

③ 选择"文本"工具，设置字体为"方正少儿"，输入"亲子活动"，使用"选择"工具，调整文字的大小与位置，如图4-29所示。

图4-28 轮廓笔参数

（6）输入活动说明文本。

① 选择"文本"工具，设置字体为"方正雅黑"，分别输入"精彩预告"、"儿童表演儿童画展"、"亲子活动 特色摄影"，设置填充色及轮廓色均为紫色。

② 选择"矩形"工具，绘制一个填充色及轮廓色均为白色的矩形，调整矩形与文字的大小、位置。

③ 选择"文本"工具，设置字体为"方正雅黑"，分别输入活动安排的相关信息，调整文本的大小与位置；设置填充色为蓝色，选择"轮廓笔"工具，在弹出的对话框中，设置轮廓为白色，轮廓宽度为1mm，效果如图4-30所示。

（7）执行"文件"→"保存"命令或按快捷键"Ctrl+S"，保存文件为"六一节亲子活动海报.cdr"。

图 4-29　主题文字制作效果

图 4-30　活动说明文字制作

（8）执行"文件"→"导出"命令或按快捷键"Ctrl+E"，导出 JPG 文件，命名为"六一节亲子活动海报.jpg"。

任务 3　制作旅游促销海报

任务展示

任务分析

此作品的设计以图片为主、文案为辅，是能恰当地配合产品的格调和受众对象的商业促销海报。其中，主题文字醒目、具有鼓动性；说明文字能具体真实地写明活动的地点、时间及主要内容。该任务主要使用"对象简化"、"对象位置变换"、"艺术笔"、"钢笔"、"文本"等工具或命令来制作。

任务实施

（1）启动 CorelDRAW X8，新建文档，在属性栏中设置"自定义"纸张，宽度为 900mm，高度为 600mm。

（2）绘制海报背景。

① 双击"矩形"工具，制作出一个与工作区一样大小的矩形。右击调色板中的无填充色按钮，设置轮廓线为"无填充"。选择"交互式填充"工具，单击属性栏中的"渐变填充"按钮▣，单击"椭圆形渐变"按钮▩，单击图形中心色块，再单击调色板中的白色，设置中心

颜色为白色。效果如图 4-31 所示。以同样的方法，设置右边的色块为冰蓝色，完成椭圆形的渐变填充。

② 绘制一组椭圆图形。选择"椭圆形"工具，绘制一个椭圆形，设置其宽、高数值分别为 145mm、118mm。执行"对象"→"变换"→"位置"命令，在弹出的对话框中，设置参数：旋转角度为 145，副本为 7，如图 4-32 所示。单击"应用"按钮，绘制出一组椭圆图形，如图 4-33 所示。

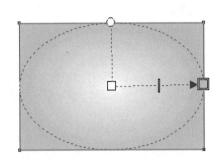

图 4-31　背景矩形填充效果

③ 选择"选择"工具，选中这组椭圆图形，单击属性栏中的"合并"按钮 ，将椭圆图形合新成一个并的图形。选择"矩形"工具，绘制一个矩形图形，使用"选择"工具，调整矩形的大小与位置，使其与上述合并后的图形部分重叠，效果如图 4-34 所示。

图 4-32　设置"对象变换位置"参数

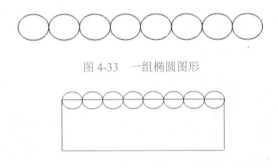

图 4-33　一组椭圆图形

图 4-34　两个图形叠放效果

④ 选择"选择"工具，选中这两个图形。单击属性栏中的"简化"按钮 ，修剪对象重叠的区域。选择"选择"工具，单击已合并的一组椭圆图形，按"Delete"键，删除该图形。选择"选择"工具，单击修剪后的图形，设置其填充色为青色，无轮廓色，效果如图 4-35 所示。

图 4-35　简化修剪效果图

⑤ 执行"对象"→"PowerClip"→"置于图文框内部"命令，单击背景矩形，把修剪后的图形置于矩形中。

⑥ 执行"对象"→"PowerClip"→"编辑 PowerClip"命令，进入图框精确剪裁的编辑区，复制修剪后的图形两次，调整这 3 个图形的大小及位置，分别设置它们的填充色为青色、冰蓝色、青色，绘制出海浪的卡通图形，执行"对象"→"PowerClip"→"结束编辑"命令，效果如图 4-36 所示。

⑦ 绘制一组白色图形。选择"椭圆形"工具，绘制出一个填充色及轮廓色均为白色的圆形图形，设置其宽、高值均为 5mm。执行"对象"→"变换"→"位置"命令，在弹出的对话框中，设置：X 值为 50，副本值为 20，绘制出一组水平放置的圆形。选择"选择"工具，选中这组图形，复制图形，调整位置，如图 4-37 所示。

⑧ 选择"选择"工具，选中上述的所有白色圆形图形，在对象变换位置面板中，设置 X 值为 0，Y 值为-50，副本值为 10，绘制出一组垂直放置的圆形。

⑨ 选择"选择"工具，选中上述的所有白色圆形图形，按快捷键"Ctrl+G"，组合对象。执行"对象"→"PowerClip"→"置于图文框内部"命令，单击背景矩形，把组合对象置于背景矩形中。

图 4-36　海浪效果图　　　　　　　　　图 4-37　复制并调整图形位置

⑩ 执行"对象"→"PowerClip"→"编辑 PowerClip"命令，进入图框精确剪裁的编辑区，选中上述组合对象，按快捷键"Shift+PgDn"，将该图形放置于图形后面，调整图形位置后，执行"对象"→"PowerClip"→"结束编辑"命令，效果如图 4-38 所示。

（3）导入素材。执行"文件"→"导入"命令，弹出"导入"对话框，选择正确的文件保存路径，选择文件"夏日素材.cdr"，单击"导入"按钮，单击工作区，导入素材，按快捷键"Ctrl+U"，取消组合对象，调整素材的大小与位置，效果如图 4-39 所示。

（4）绘制气泡。选择"艺术笔"工具，单击属性栏中的"喷涂"按钮，设置类别为"其他"，设置喷射类型为　　　，在工作区中，按所需路径绘制出几组气泡图形，效果如图 4-40 所示。

图 4-38　背景效果图　　　　　　　图 4-39　导入素材　　　　　　　图 4-40　绘制气泡

（5）绘制有阴影效果的广告词。

① 选择"文本"工具，设置字体为"华文琥珀"，字号为 190pt，单击绘图区，输入文字"浪漫海岸"，双击文本，进入对象倾斜与旋转编辑状态，如图 4-41 所示。移动光标并按住控制柄，拖动鼠标，使文本倾斜。使用旋转控制柄旋转文本，设置文本的填充色与轮廓色均为绿色，效果如图 4-42 所示。

② 选择"浪漫海岸"文本，按快捷键"Ctrl+C"，再按快捷键"Ctrl+V"，复制一份文本，设置文本的颜色与轮廓色均为黑绿色，叠放于绿色的文本下面，效果如图 4-43 所示。

图 4-41　编辑状态　　　　　　　图 4-42　文本旋转　　　　　　　图 4-43　增加阴影效果

③ 以同样的方法，绘制有阴影效果的"优惠酬宾"文本。

（6）绘制"海鸥"。

① 选择"钢笔"工具，绘制图形，如图 4-44 所示。选择"形状"工具，拖动鼠标，选择图形全部节点，单击属性栏中的"转换为曲线"按钮 ，将线条全部转换为曲线，编辑曲线的节点控制柄，绘制出"海鸥"图形，如图 4-45 所示。

图 4-44　绘制曲线

图 4-45　修改曲线为"海鸥"图形

② 复制出多个"海鸥"图形，调整它们的位置与大小，效果如图 4-46 所示。

（7）制作海报活动的相关信息文本。

① 制作白色阴影效果的活动时间相关信息文本，操作方法与广告主题文本制作方法相同。

② 选择"矩形"工具，绘制一个矩形，设置宽为 758mm、高为 0.5mm，分别设置填充色及轮廓色均为黄色，调整其位于前一步骤所制作的文本下方，并设置其"水平居中"。

③ 选择"文本"工具，字体为"宋体"，输入相关文本，设置字体填充色、轮廓色均为白色，效果如图 4-47 所示。

图 4-46　绘制多个海鸥

图 4-47　输入海报活动说明

（8）执行"文件"→"保存"命令或按快捷键"Ctrl+S"，弹出"保存绘图"对话框，选择保存的位置，输入文件名"浪漫海岸海报"，保存类型为默认的"CDR-CorelDRAW"，单击"保存"按钮，保存设计制作的源文件。

（9）执行"文件"→"导出"命令或按快捷键"Ctrl+E"，导出 JPG 文件，命名为"浪漫海岸海报.jpg"。

项目总结

本项目，学习了对象造型、变换、艺术笔等工具和命令的使用方法。其中，变换泊坞窗口主要是对对象的位置、方向、以及大小等方面进行改变操作，而并不改变对象的基本形状及其特征。使用"艺术笔"工具绘制路径，可产生较为独特的艺术效果。

设计师要在设计前做好相关调查与分析，明确图形、文字、颜色等所表达与代表的意义、情感和指令行动，灵活运用工具和命令，才能设计与制作出优秀的海报作品。

拓展练习

（1）应用"椭圆形"、"矩形"、"对象造型"、"钢笔"等工具或命令，制作公益广告，如图 4-48 所示。

（2）导入素材"彩虹.cdr"、"水果.png"、"西瓜.png"，应用"文本"、"轮廓笔"、"椭圆形"、"交互渐变填充"、"对象"→"变换"→"倾斜"等工具或命令，制作"百果集"水果店活动宣传海报，效果如图 4-49 所示。

图 4-48　公益广告　　　　　　　　　图 4-49　"百果集"水果店活动宣传海报

（3）导入素材，应用"艺术笔"、"多边形"等工具，制作"教师节"宣传海报，如图 4-50 所示。

图 4-50　"添美意鞋城"的促销宣传海报

项目 5

矢量图形效果——POP 广告制作

项目导读

本项目主要学习封套工具、立体化工具、轮廓图工具的基本知识与操作，掌握矢量图形编辑与调整的方法。

POP 广告是购买点广告，通过强烈的色彩、美丽的图案、突出的造型、幽默的动作、准确而生动的广告语言，创造强烈的销售气氛，吸引消费者的视线，促成其购买欲望。通过任务的分析与制作，培养学生的职业规范意识，激发学生对传统广告与数字化广告的学习兴趣，提升学生分析问题、解决问题的能力，培养学生文化传承与创新的意识。

学习目标

- 掌握封套工具的使用
- 掌握立体化工具的使用
- 掌握轮廓图工具的使用
- 能制作简单的 POP 广告

项目任务

- 绘制悬挂式 POP 广告
- 绘制柜台式 POP 广告
- 绘制吊旗式 POP 广告

  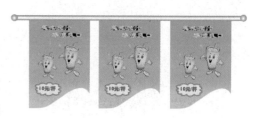

 知识技能

5.1 封套工具

图 5-1 文字变形效果

"封套"工具 ⊠ 可以对图形或文字产生封套变形效果。其效果有点类似于印在橡皮上的图案，扯动橡皮则图案会随之变化。

选择工具箱中的"封套"工具 ⊠，选择需要制作封套效果的对象，此时对象四周出现一个矩形封套虚线控制框。拖动封套控制框上的节点，即可调整对象的外观，图 5-1 所示为文字变形效果。

"封套"工具属性栏如图 5-2 所示，下面介绍属性栏中的选项。

| 预设... ▼ | + | − | 矩形 ▼ | 自由变形 ▼ |

图 5-2 "封套"工具属性栏

"封套"工具共有 4 种封套模式："封套的直线模式" ▱、"封套的单弧线模式" ▱、"封套的双弧线模式" ▱、"封套的非强制模式" ✐。其中，"封套的非强制模式"为默认的封套模式。

（1）"封套的直线模式" ▱：选择这种模式的封套，在调整时，节点间以直线连接，从而产生变形效果。

（2）"封套的单弧线模式" ▱：选择这种模式的封套，在调整时，节点间以单弧连接，从而产生变形效果。

（3）"封套的双弧线模式" ▱：选择这种模式的封套，在调整时，节点间以双弧连接，从而产生变形效果。

（4）"封套的非强制模式" ✐：前 3 种封套模式在调整时节点处都没有控制柄，而非强制模式有控制柄，可使其调整的灵活性更大。分别使用 4 种不同封套模式可产生不同的效果，如图 5-3 所示。

小技巧 ————————————————————————————————

使用前 3 种封套模式时，按住 "Ctrl" 键，在调节一个节点时，可使相对的节点向相同方向调整；按住 "Shift" 键，在调节一个节点时，可使相对的节点向相反方向调整。

（a）封套的直线模式

（b）封套的单弧线模式

（c）封套的双弧线模式

（d）封套的非强制模式

图 5-3 4 种不同封套模式产生的效果

（5）"添加新封套" ：在添加封套变形后，可以单击该按钮，为对象再次添加新的封套以进行变形处理。

（6）"自由变形映射模式" 自由变形 ▼：在其下拉列表中包括水平、原始的、自由变形和垂直 4 种映射模式。

（7）"保留线条" ：该按钮在激活状态下，可使图形中直线路径不变形为曲线。

（8）"创建封套自" ：单击该按钮，可以将工作区域中已有的封套效果复制到当前选择的图形上。

（9）"复制封套属性" ：将文档中另一个封套的属性应用到所选封套上。

（10）"清除封套" ：单击该按钮，可以移除对象中的封套。

（11）"转换为曲线" ：允许使用形状工具修改对象。

5.2 立体化工具

立体化效果指利用三维空间的立体旋转和光源照射的功能，为对象添加上产生明暗变化的阴影，从而制作出逼真的三维立体效果。

"立体化" 工具 可以使二维的图形产生三维的效果，并可编辑立体化的方向、深度及光照的方向等。

"立体化" 工具属性栏如图 5-4 所示，下面介绍属性栏中的选项。

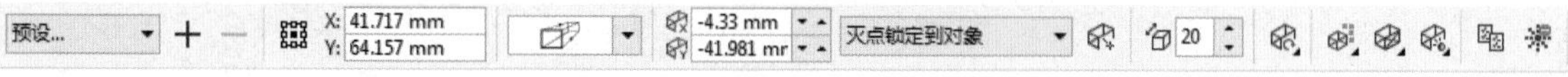

预设... ▼ ＋ － 　 X: 41.717 mm　　　　 ▼ -4.33 mm ▼ 灭点锁定到对象　 ▼ 　 20 ▲
　　　　　　　　　　 Y: 64.157 mm　　　　　　 -41.981 mr ▼

图 5-4 "立体化" 工具属性栏

（1）"预设" 列表框 预设... ▼ ：CorelDRAW 自带的立体化方式，单击下拉按钮，在弹出的下拉列表中选择任意一种样式，可以产生相应的立体化效果，如图 5-5 所示。

（2）"立体化类型" ▼ ：单击该按钮，弹出如图 5-6 所示的列表，CorelDRAW 共提供了 6 种立体化类型，包括 "小后端"、"小前端"、"大后 d 端"、"大前端"、"后部平行"、"前部平行"。

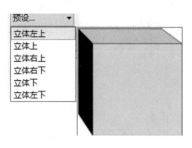

图5-5 "预设"下拉列表

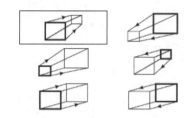

图5-6 "立体化类型"列表

（3）"深度" 20 ：该项用于设置立体化效果的深度，数值越大，深度越深。

（4）"灭点坐标" -4.33 mm / -41.981 mr ：该选项用于设置立体化图形的透视灭点坐标位置。

（5）"灭点属性" 灭点锁定到对象 ：其中包含"灭点锁定到对象"、"灭点锁定到页面"、"复制灭点，自"、"共享灭点"4个选项。

① "灭点锁定到对象"选项：选择此选项，当移动图形时，灭点和立体效果将会随图形的移动而移动。

② "灭点锁定到页面"选项：选择此选项，图形的灭点将会锁定到页面上，当移动图形的位置时，灭点将会保持不变。

③ "复制灭点，自"选项：选择此选项，鼠标指针将会变为圆形，可以将一个矢量立体化图形的灭点复制给另一个矢量立体化图形。

④ "共享灭点"选项：选择此选项，可以使多个图形共同使用一个灭点。

（6）"立体化旋转" ：单击此按钮会弹出立体化旋转的对话框，如图5-7所示。将鼠标指针移至此对话框中，当鼠标指针变为手形符号时，按住鼠标左键并拖动，即可调节绘图窗口中立体化图形的视图角度，如图5-8所示。单击 按钮，将切换到如图5-9所示的状态，输入数值即可控制旋转的角度。

图5-7 立体化旋转（1）

图5-8 立体化旋转（2）

图5-9 旋转角度

（7）"立体化颜色" ：单击此按钮，会弹出颜色对话框，如图5-10所示，可设置立体化对象颜色填充的方式和填充颜色。

（8）"立体化倾斜" ：单击此按钮，会弹出倾斜对话框，如图5-11所示，可设置立体化图形的边缘，进行斜角修饰等。

（9）"立体化照明" ：单击此按钮，会弹出照明对话框，如图5-12所示，可对立体化的图形使用光照效果。

图 5-10 立体化颜色

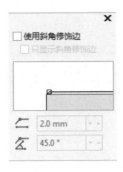

图 5-11 立体化倾斜

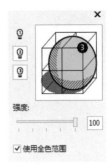

图 5-12 立体化照明

5.3 轮廓图工具

轮廓图效果是指由一系列对称的同心轮廓线圈组合在一起，所形成的具有深度感的效果，该效果有些类似于地图中的地势等高线，故也称等高线效果。使用轮廓图工具可以给对象添加轮廓图效果，这个对象可以是封闭的，也可以是开放的，还可以是美术文本对象。与创建调和效果不同的是，轮廓图效果是指由对象的轮廓向内或向外放射形成的层次效果，并且只需一个图形对象即可完成。

在工具箱中选择"轮廓图"工具 ▣，将光标移到圆形对象的轮廓图上，按住鼠标左键向内或向外拖动，释放鼠标左键后，即可创建对象的内部轮廓或外部轮廓。

"轮廓图"工具的属性栏如图 5-13 所示，下面介绍属性栏中的选项。

图 5-13 "轮廓图"工具属性栏

（1）"到中心" ▦：使图形的轮廓线从图形的外轮廓到图形的中心，产生调和效果。

（2）"内部轮廓" ▣：使图形的轮廓线从图形的外轮廓向内延伸，产生调和效果。

（3）"外部轮廓" ▣：使图形的轮廓线从图形的外轮廓向外延伸，产生调和效果。

（4）"轮廓图步长" ⌐3：用于设置轮廓扩展的个数，数值越大，产生轮廓的层次越多。

（5）"轮廓图偏移" ▤.931 mm：调整对象中轮廓间的间距。数值越大，轮廓之间的距离越大，反之，则越小。

（6）"轮廓圆角" ▣：用于设置轮廓图的角类型，包含"斜接角"、"圆角"、"斜切角"3个选项。

（7）"轮廓色" ▣：用于设置轮廓色的颜色渐变序列，包含"线性轮廓色"、"顺时针轮廓色"、"逆时针轮廓色"3个选项。

（8）"轮廓色" ✒▆：用于设置轮廓图中最后延展的轮廓颜色。

（9）"填充色" ◇▆：用于设置图形的填充颜色。

（10）"对象和颜色加速" ▥：调整轮廓中对象大小和颜色变化的速率。

项目实施

任务1 绘制悬挂式 POP 广告

任务展示

教学视频

任务分析

星水族是一家专业从事婴幼儿用品的企业，拥有线上、线下两个服务平台。设计者采用黄蓝两色为主色调相间吊旗进行搭配，使用了卡通鱼形旗状图案，可爱灵动，极易吸引消费者眼球。鱼形图案间接体现"水"字，图形正中英文"star"直接体现"星"字，Logo体现了水与星的融合。整个POP广告给人一种灵动、可爱、活泼的感觉，易识别，具有极强的宣传效果。

本任务主要使用"轮廓图"工具、"封套"工具、"贝塞尔"工具、"手绘"工具等来制作。

任务实施

（1）启动 CoreIDRAW X8，单击新建按钮 新建文档，在属性栏中设置"自定义"纸张大小，宽度为300mm，高度为160mm。

（2）选择"矩形"工具，填充颜色为黄色（R245，G232，B90），绘制一个宽度为90mm的矩形，选择"椭圆形"工具 ，绘制一个宽度为90mm的椭圆，并且与矩形相切，如图 5-14 所示。选中对象，单击"焊接"按钮 ，将矩形和椭圆形焊接在一起。

（3）选择"贝塞尔"工具 ，在矩形的上方绘制鱼的形状，选择"形状"工具 ，调节点的弯曲度，选择"手绘"工具 ，画出鱼尾和鱼鳞，如图 5-15 所示。选择"椭圆形"工具，"填充"为黑色，"轮廓"为无，绘制鱼眼，如图 5-16 所示。

图 5-14　矩形与椭圆形相切

图 5-15　绘制鱼尾和鱼鳞

图 5-16　绘制鱼眼

（4）选择"文本"工具**字**，设置字体为"Snap ITC"，大小为 50pt，颜色为浅绿色（R127，G240，B142），键入"star"。

（5）选择"封套"工具 ，拖动文字四周的节点，使得文字中间变大。

（6）单击"轮廓图"工具 ，选择外部轮廓，轮廓步长数为 2，轮廓图偏移为 2.025，填充色为深褐色（R36，G3，B3），线性轮廓色，如图 5-17 所示。

图 5-17　轮廓图设置

（7）选择"文本"工具**字**，设置字体为"华文琥珀"，大小为 24pt，颜色为白色（R255，G255，B255），键入"星水族"。

（8）选择"轮廓图"工具 ，选择外部轮廓，轮廓步长数为 1，轮廓图偏移为 1.514，填充色为蓝色（R22，G48，B199），线性轮廓色，如图 5-18 所示。

（a）"star"文字效果图　　　　　　　　　　　（b）"星水族"文字效果

图 5-18　文字效果

（9）选择"文本"工具**字**，设置字体为"华文琥珀"，大小为 18pt，颜色为白色（R255，G255，B255），键入"第六家旗舰店盛大开业"。

（10）选择"封套"工具 ，拖动文字中间的节点，使得文字中间下弯。

（11）选择"轮廓图"工具 ，选择外部轮廓，轮廓步长数为 1，轮廓图偏移为 1.514，填充色为蓝色（R22，G48，B199），线性轮廓色，如图 5-19 所示。

图 5-19　"第六家旗舰店盛大开业"文字效果

（12）选择"艺术笔"工具 ，颜色为白色，笔头的参数设置如图 5-20 所示，绘制一条曲线。

图 5-20　"艺术笔"参数设置

（13）选择"星形"工具 ，"轮廓"为无，分别绘制紫色和黄色的五角星。

（14）选择"立体化"工具 ，"深度"为 15，"立体化照明"选择"光源 2"，如图 5-21 所示，效果如图 5-22 所示。

图 5-21 "立体化"参数设置

（15）选择"椭圆"工具，"填充"为白色，"轮廓"为无，绘制两个椭圆，将其放置在鱼眼和鱼尾处，如图 5-23 所示。

图 5-22 "星"整体效果

图 5-23 绘制两个椭圆

（16）执行"编辑"→"再制"命令，调整好位置，填充水湖蓝色（R25, G216, B250）。

（17）执行"文件"→"保存"命令，或按快捷键"Ctrl+S"，弹出"保存绘图"对话框，选择保存的位置，输入文件名"悬挂式 POP 广告"，保存类型为默认的"CDR-CorelDRAW"，单击"保存"按钮，保存设计制作的源文件。

（18）执行"文件"→"导出"命令或按快捷键"Ctrl+E"，导出 JPG 文件，命名为"悬挂式 POP 广告.jpg"。

任务 2　绘制柜台式 POP 广告

任务展示

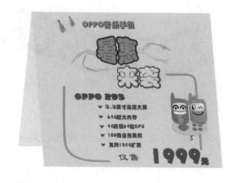

教学视频

任务分析

OPPO 是专注于制作"有格调的艺术品"的时尚手机企业。设计者以淡蓝色调为背景，给人一种清爽之感，把手机产品以扁平化卡通形式突出，显示出手机音乐灵动之美。整体构图文字与图形搭配协调，"暑惠来袭"重点突出，超低优惠价，吸引更多的年轻人，具有极强的宣传效果，刺激消费者的购买欲。

本任务主要使用"轮廓"工具、"手绘"工具、"艺术笔"工具等来制作。

任务实施

（1）启动 CorelDRAW X8，单击新建按钮□新建文档，在属性栏中设置"自定义"纸张大小，宽度为 300mm，高度为 180mm。

（2）选择"艺术笔"工具↳，在"类别"下拉列表中选择"音乐"选项，喷涂对象大小为 100%，绘制吉他图形，如图 5-24 所示。

图 5-24　"艺术笔"属性栏

（3）选择"文本"工具**字**，字体为"华文琥珀"，字体大小为 18pt，颜色为橘红色（R252，G134，B8），键入"OPPO 音乐手机"。

（4）选择"轮廓图"工具▣，选择外部轮廓，轮廓图步长为 1，轮廓图偏移为 0.2mm，如图 5-25 所示，给文字添加外部轮廓，效果如图 5-26 所示。

图 5-25　"轮廓图"属性栏

（5）选择"文本"工具**字**，字体为"华文琥珀"，字体大小为 48pt，颜色为橘红色（R252，G134，B8），键入"暑惠"两字。

（6）选择"封套"工具▣，选择非强制模式，将"暑惠"二字中间变大，选择"轮廓图"工具▣，选择外部轮廓，轮廓图步长为 2，轮廓图偏移为 0.714mm，给文字添加外部轮廓，如图 5-29（a）所示。

（7）选择"文本"工具**字**，字体为"华文琥珀"，字体大小为 48pt，颜色为果绿色（R219，G230，B64），键入"来袭"两字。

（8）选择"轮廓图"工具▣，选择外部轮廓，轮廓图步长为 2，轮廓图偏移为 0.514mm，给文字添加外部轮廓，如图 5-27（b）所示。

（a）"暑惠"效果

（b）"来袭"效果

图 5-26　文字效果　　　　图 5-27　文字效果　　　　图 5-28　文字效果

（9）选择"手绘"工具✒，轮廓宽度为 2mm，绘制两条曲线，执行"对象"→"将轮廓转换为对象"命令，填充果绿色—橘红色的线性渐变，选择"涂抹"工具，涂抹半径为 4.5，压力为 85，涂抹这两条曲线，如图 5-29 所示。执行"对象"→"顺序"→"到图层后面"命令，将彩带放到文字的下方。

图 5-29　彩带效果

（10）选择"文本"工具**字**，字体为"Snap ITC"，字体大小为 18pt，颜色为紫色（R166，G16，

B166），键入"OPPO R9S"。选择"轮廓图"工具，选择外部轮廓，轮廓图步长为1，轮廓图偏移为0.2mm，给文字添加外部轮廓，如图5-30所示。

图5-30 文字效果

（11）选择"手绘"工具，设置轮廓宽度为0.5mm，颜色为浅紫色（R166, G16, B166），绘制两条折线。

（12）执行"文件"→"导入"命令，在弹出的"导入"对话框中选择将要导入的图片，如图5-31所示。

图5-31 "导入"对话框

（13）执行"位图"→"轮廓描摹"→"高质量图像"命令，参数设置如图5-32所示，单击"确定"按钮，选择"选择"工具，调整图片的大小及位置。

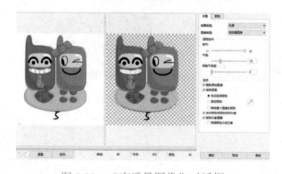

图5-32 "高质量图像"对话框

图5-33 文字效果

（14）选择"文本"工具，字体为"华文琥珀"，字体大小为50pt，颜色为紫色（R166, G16, B166），键入"1990元"，"元"字大小为18pt。选择"轮廓图"工具，选择外部轮廓，轮廓图步长为1，轮廓图偏移为0.2mm，给文字添加外部轮廓，如图5-33所示。

（15）选择"艺术笔"工具 ✍，在"类别"下拉列表中选择对象，喷涂对象大小为 10%，绘制蝴蝶图形。

（16）选择"文本"工具 **字**，字体为"华文琥珀"，字体大小为 12pt，颜色为深蓝色（R219, G230, B64），键入文字，如图 5-34 所示。

（17）选择"矩形"工具，绘制一个矩形，填充浅蓝色（R196, G242, B242）。执行"对象"→"顺序"→"到页面背面"命令。

（18）执行"文件"→"保存"命令或按快捷键"Ctrl+S"，弹出"保存绘图"对话框，选择保存的位置，输入文件名"柜台式 POP 广告"，保存类型为默认的"CDR-CorelDRAW"，单击"保存"按钮，保存设计制作的源文件。

（19）执行"文件"→"导出"命令或按快捷键"Ctrl+E"，导出 JPG 文件，命名为"柜台式 POP 广告.jpg"。

- ❥ 5.5英寸高清大屏
- ❥ 64G超大内存
- ❥ 4G双核64位CPU
- ❥ 100级自然美颜
- ❥ 支持128G扩展

图 5-34　文字效果

任务 3　绘制吊旗式 POP 广告

任务展示

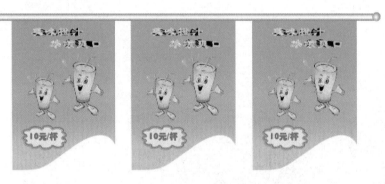

教学视频

任务分析

制作此 POP 广告时，设计者用直接突出展现的方式，把橙汁以拟人化来突出广告重心，以绿黄为主色调的渐变构成整体吊旗式广告的框架；整体色调组合搭配和谐，适用于夏季炎热天气，给人一种清凉一夏的感觉；以红色调突出价格，让人清晰知道商品价位，简单明了，具有较强的宣传效果。

本任务主要使用"立体化"工具、"轮廓图"工具、"标注形状"工具等来制作。

任务实施

（1）启动 CorelDRAW X8，单击新建按钮 🗋 新建文档，在属性栏中设置"自定义"纸张大小，宽度为 300mm，高度为 150mm。

（2）选择"矩形"工具，绘制一个矩形，如图 5-35 所示，执行"对象"→"转换为曲线"命令，利用"形状"工具对图形进行调整，效果如图 5-36 所示。

（3）选择"钢笔"工具，在图形的底边添加一个节点，然后对图形进行调整，如图 5-37 所示。

（4）将底边的节点全部选中，单击属性栏中的"转换为曲线"按钮，对图形进行调整，效果如图 5-38 所示。

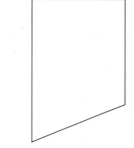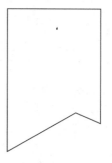

图 5-35　绘制矩形　　图 5-36　调整效果（1）　　图 5-37　调整效果（2）　　图 5-38　调整效果（3）

图 5-39　渐变效果

（5）选择"交互式填充"工具，在编辑填充对话框里，设置渐变类型为线性，角度为-90，颜色为果绿色到柠檬色，效果如图 5-39 所示。

（6）执行"文件"→"导入"命令，在弹出的"导入"的对话框里选择将要导入的图片。

（7）选择"选择"工具，调整图片的大小及位置。执行"位图"→"轮廓描摹"→"剪贴画"命令，参数设置如图 5-40 所示，单击"确定"按钮。

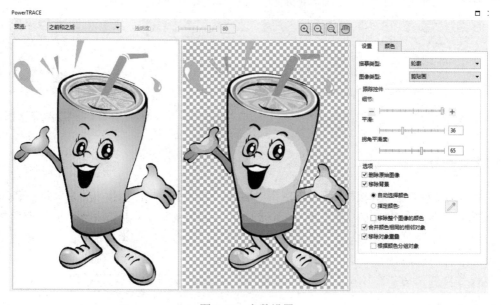

图 5-40　参数设置

（8）选择"文本"工具，字体为"隶书"，字体大小为 24pt，颜色为橘黄色（R255，G198，B28），键入"美味橙汁，冰凉爽口"。

（9）选择"立体化"工具，"深度"为 20，"立体化颜色"从橘黄到浅天蓝色，"立体化照明"为光源 1，如图 5-41 所示。

（10）选择"轮廓图"工具，单击外部轮廓，轮廓图步长为 1，轮廓图偏移为 0.1mm，填充色为浅黄，效果如图 5-42 所示。

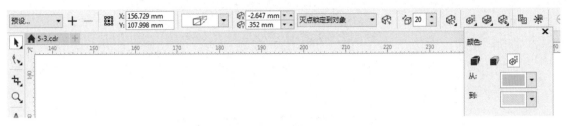

图 5-41　"立体化"参数设置

图 5-42　文字效果

（11）选择"标注形状"工具，绘制形状，如图 5-43 所示，将对象转换为曲线或按快捷键"Ctrl+Q"，单击"拆分"按钮或按快捷键"Ctrl+Q"，选中左上角的 3 个小圆并删除。

（12）选择"轮廓图"工具，单击内部轮廓，轮廓图步长为 1，轮廓图偏移为 1.6mm，填充色为浅黄，选择"文字"工具，字体为"华文琥珀"，大小为 12pt，颜色为玫瑰色，如图 5-44 所示。

图 5-43　绘制形状

图 5-44　文字效果

（13）执行"对象"→"组合"命令，再执行"编辑"→"再制"命令，复制两个相同的吊旗。

（14）执行"文件"→"保存"命令或按快捷键"Ctrl+S"，弹出"保存绘图"对话框，选择保存的位置，输入文件名"吊旗式 POP 广告"，保存类型为默认的"CDR-CorelDRAW"，单击"保存"按钮，保存设计制作的源文件。

（15）执行"文件"→"导出"命令或按快捷键"Ctrl+E"，导出 JPG 文件，命名为"吊旗式 POP 广告.jpg"。

项目总结

本项目制作了 3 种不同样式的 POP 广告，设计师要在设计前做好相关调查与分析，明确图形、文字、颜色等所表达和代表的意义、情感。

通过完成本项目，读者学习了 CorelDRAW 中交互式工具的绘制和编辑方法，即"调和"工具、"轮廓图"工具、"变形"工具、"阴影"工具、"封套"工具、"立体化"工具的编辑方法。

拓展练习

（1）利用"钢笔"、"文本"、"立体化"、"封套"、"轮廓图"等工具或命令，制作一幅"三月三"宣传 POP 广告，效果如图 5-45 所示。

图 5-45　柜台式"三月三"宣传 POP 广告

（2）利用"交互式填充"工具和"轮廓图"工具，制作一幅"星星科技"的吊旗式 POP 广告，效果如图 5-46 所示。

图 5-46　吊旗式 POP 广告

（3）利用"交互式填充"工具、"轮廓图"工具、"立体化"工具，制作一幅"周年庆典"的柜台式 POP 广告，效果如图 5-47 所示。

图 5-47　周年庆典 POP 广告

项目 6

矢量图形效果——艺术字及台历制作

项目导读

　　本项目通过制作艺术字和台历任务，了解台历的相关知识，学习阴影工具、变形工具、调和工具及透明度工具的基本知识与操作。字体作为信息传达的基础，在目前整个设计领域应用都甚为宽广，如创意广告、艺术字、H5 标题、台历等，可以说有标题的地方就有字体设计。

　　无论是工作、学习还是生活，时间同我们密不可分，学会掌握时间的人，往往在繁忙的工作中能保持充沛旺盛的精力，学习安排得井然有序，生活也多姿多彩。台历不只是一个记录日期的工具，也是展示一个企业形象和精神面貌的有机窗口。在台历设计中还要注意色彩的应用，不同的色彩会给人感官上带来不同的感受。面对不同的颜色，人们就会产生冷暖、明暗、轻重、强弱、远近、膨胀、快慢等不同的心理反应。

学习目标

- 掌握阴影工具的使用
- 掌握变形工具的使用
- 掌握调和工具的使用
- 掌握透明度工具的使用
- 能制作简单的艺术字和台历

项目任务

- 绘制艺术字
- 绘制 2018 年台历封面
- 绘制 2018 年台历内页

 知识技能

6.1　阴影工具

使用"阴影"工具可以为对象添加投影效果。产生投影的对象可以是矢量图形、文字和位图等，可以编辑阴影的颜色、位置及方向等。

"阴影"工具属性栏如图 6-1 所示，下面介绍属性栏中的选项。

图 6-1　"阴影"工具属性栏

（1）"阴影偏移"　：用于设置阴影和对象之间的距离。

（2）"阴影角度"　：用于设置阴影的角度，数值为 -360～360。

（3）"阴影延伸"　：用于调整阴影的长度。

（4）"阴影淡出"　：用于调整阴影边缘的淡出程度。

（5）"阴影的不透明度"　：用于设置阴影的不透明度，数值为 0～100。

（6）"阴影羽化"　：用于锐化或柔化阴影边缘，数值越大，羽化效果越明显，阴影越模糊。

（7）"羽化方向"　：向阴影内部、外部或同时向内部和外部柔化阴影边缘。单击该按钮，弹出如图 6-2 所示的下拉列表。

（8）"阴影颜色"　：用于设置阴影颜色。

图 6-2　"羽化方向"下拉列表

6.2　变形工具

使用"变形"工具可以为对象添加各种变形效果，并且在变形的整个过程中对象都保持着矢量特性。CorelDRAW X8 提供了 3 种变形方式：推拉变形、拉链变形、扭曲变形。

1．推拉变形方式

使用推拉变形方式可以通过向图形的中心或外部推拉产生变形效果。推拉的方向、位置不同，产生的变形效果也不同。选择推拉变形方式，其属性面板如图 6-3 所示。

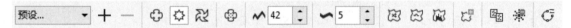

图 6-3 推拉变形方式下的属性栏

（1）"添加新的变形"：可以对已经产生变形效果的图形再次进行变形。

（2）"推拉失真振幅"：用于设置图形推拉变形的振幅大小。

（3）"中心变形"：可以使图形以其中心位置为变形中心进行变形。

（4）"转换为曲线"：可以将变形后的图形转换为曲线，使用形状工具进行进一步调整。

2．拉链变形方式

拉链变形方式可以产生带有尖锐锯齿状的变形效果。选择拉链变形方式，其属性栏如图 6-4 所示。

图 6-4 拉链变形方式下的属性面板

（1）"拉链失真振幅"：用于控制变形图形的拉链变形幅度，数值为 0～100。

（2）"拉链失真频率"：用于控制变形图形的变形频率，数值为 0～100，数值越大，变形失真效果越明显。

（3）"随机变形"：可使变形效果产生随机效果。

（4）"平滑变形"：可使变形效果在尖锐处平滑。

（5）"局部变形"：可使图形产生局部变形的效果。

3．扭曲变形方式

扭曲变形方式可以使图形产生旋转扭曲的效果。选择扭曲变形方式，其属性栏如图 6-5 所示。

图 6-5 扭曲变形方式下的属性栏

（1）"顺时针旋转"：可使图形的扭曲变形为顺时针方向旋转。

（2）"逆时针旋转"：可使图形的扭曲变形为逆时针方向旋转。

（3）"完全旋转"：用于控制图形绕旋转中心旋转的圈数，数值越大，旋转的圈数越多。

（4）"附加角度"：用于控制图形扭曲变形旋转的角度，数值为 0～359。

6.3 调和工具

使用"调和"工具，在 CorelDRAW X8 中，可以对两个或多个图形对象进行调和，即将一个图形对象经过形状和颜色的渐变过渡到另一个图形对象上，并在这两个图形对象间形成一系列中间图形对象，从而形成两个图形对象渐进变化的叠影。

"调和"工具属性栏如图 6-6 所示，下面介绍属性栏中的选项。

图 6-6　"调和"工具属性栏

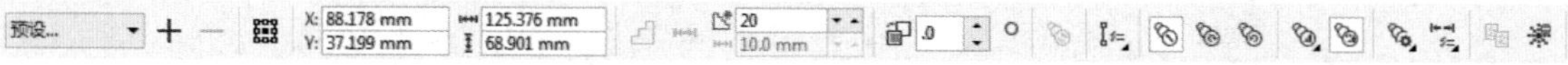

（1）"预设"列表 ：单击该按钮，在弹出的下拉列表中选择任意一种样式，可以使选取的两个图形产生渐变调和效果，如图 6-7 所示。

（2）"添加预设" ：单击该按钮，在弹出的"另存为"对话框中，可对当前制作的调和效果进行保存。

（3）"删除预设" ：单击该按钮，可以将预设列表中选择的样式删除。

（4）"调和对象" ：可以更改调和中的步长数或调整步长间距。调和数值越高，调和效果越细腻。

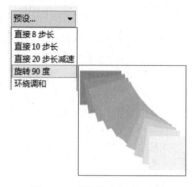

图 6-7　"预设"下拉列表

（5）"调和方向" ：可以对调和后的中间图形进行旋转。输入正值时，图形按逆时针方向旋转；输入负值时，图形按顺时针方向旋转。

（6）"环绕调和" ：将环绕效果应用到调和，当调和方向的数值不为"0"时，该按钮才被激活。

（7）"调和路径" ：单击该按钮，可在弹出的下拉列表中选择"新建路径"选项，并可在工作区中选择新的线条作为渐变路径。

（8）"直接调和" ：设置调和的直接色渐变序列。

（9）"顺时针调和" ：按色谱顺时针方向逐渐调和。

（10）"逆时针调和" ：按色谱逆时针方向逐渐调和。

（11）"对象和颜色加速" ：调整调和中对象显示和颜色更改的速率。

（12）"调整加速大小" ：调整调和中对象更改的速率。

6.4　透明度工具

使用"透明度" 工具，可以让图形或位图图像产生由实到透明的渐变效果。其属性栏如图 6-8 所示。

（1）均匀透明度 ：应用整齐且均匀分布的透明度。

图 6-8　"透明度"属性栏

（2）渐变透明度 ：应用透明度的渐变，包括线性渐变、椭圆形渐变、锥形渐变、矩形渐变。

（3）向量图样透明度 ：由线条和填充组成的图像。

（4）位图图样透明度 ：由浅色和深色图案或矩形数组中不同的彩色像素所组成的彩色图像。

（5）双色图样透明度 ：由黑白两色组成的图案，应用于图像后，黑色部分为透明，白色部分为不透明。

选择不同方式的透明度，其属性栏不同，现介绍属性栏中的选项。

（1）"透明度类型"：选择该选项，将弹出透明度类型对话框，在此对话框中选择任意透明选项，对绘图窗口中的图形添加透明渐变效果。

（2）"透明度操作"：单击该选项，将弹出透明度操作列表，在此列表中选择任意项，将改变图形的透明度渐变类型。

（3）"透明中心点"：用于控制透明的强度大小。数值越大，透明度越高；数值越小，透明度越低。

（4）"渐变透明度和边衬"：用于设置透明渐变方向的角度值和透明变化点与图形中点的距离，数值为 0~49。

（5）"透明度目标"：此选项中包括填充、轮廓和全部 3 个选项，选择不同的选项，可以将图形的透明效果应用到图形中的不同位置。

（6）"冻结"按钮：激活该按钮，可以冻结图形的透明效果，移动图形时，图形间的叠加效果不会发生变化。再次单击该按钮，可以取消图形的冻结效果。

项目实施

任务1 绘制超级速度艺术字

任务展示

教学视频

任务分析

如何体现"超级速度"？其重点是突显"速度"两字。设计者采用直观的文字方式来突显，"超级速度"四字微微倾斜，象征着向前进的动态之感，"超"与"度"分别使用了象征速度的图案"车轮"及"单车"，使其更加突出重心。

本任务主要使用"形状"工具、"椭圆形"工具、"透明度"工具、"阴影"工具等来制作。

任务实施

（1）启动 CorelDRAW X8，单击新建按钮新建文档，在属性栏中设置"自定义"纸张大小，宽度为 300mm，高度为 200mm。

（2）选择"文本工具"字或按 F8 键，字体设置为"汉真广标"或选择其他字体，字体大小为 150pt，颜色为红色（R255, G0, B0），输入文字"超级速度"。

（3）执行"对象"→"变换"→"倾斜"命令，设置倾斜角度为-20，单击"应用"按钮，将文字斜切，如图 6-9 所示。

（4）选中文字并右击，从弹出的快捷菜单中执行"转换为曲线"命令，或按快捷键"Ctrl+Q"。

（5）选择"形状"工具或按 F10 键，选中"超"字部分结构并将其删除，如图 6-10 所示。

（6）选择"椭圆形"工具或按 F7 键，按住"Ctrl"键绘制一个正圆，设置"填充"为无，"轮廓"为红色，"轮廓宽度"为 4。

图6-9 "变换"参数设置　　　　　　　　图6-10 "超"字的效果

（7）选择"椭圆形"工具 ◯ 或按 F7 键，按住"Ctrl"键绘制一个正圆，设置"填充"为无，"轮廓"为红色，"轮廓宽度"为2。绘制两个同心圆，如图6-11所示。

（8）选择"形状"工具 ⬛ 或按 F10 键，拖动文字部分节点，将其变形。

（9）选择"矩形"工具 ▢ 或按 F6 键，在正圆位置绘制一个细长的矩形，设置"填充"为红色，"轮廓"为无。

（10）选中矩形，按快捷键"Ctrl+D"，再复制3个矩形，在属性栏的"旋转角度"文本框中分别输入90、45、-45，如图6-12所示。按快捷键"Ctrl+G"，将其组合。

（11）选择"形状"工具 ⬛ 或按 F10 键，拖动文字部分结构，将其变形，如图6-13所示。

图6-11 绘制两个同心圆　　　　图6-12 绘制矩形　　　　图6-13 "超"字效果

（12）选择"形状"工具 ⬛ 或按 F10 键，选中"度"字部分结构并将其删除，如图 6-14 所示。

（13）选择"椭圆形"工具 ◯ 或按 F7 键，按住"Ctrl"键绘制一个正圆，设置"填充"为无，"轮廓"为红色，"轮廓宽度"为4。

（14）选择"手绘"工具 ⬛ ，绘制车轮效果，如图6-15所示。

图6-14 "度"字的效果　　　　　图6-15 "度"字的车轮效果

（15）选择对象，按快捷键"Ctrl+G"，将其组合。按快捷键"Ctrl+D"再复制一个，选择"透明度"工具，单击"向量图样透明度"按钮，"前景透明度"设置为85，如图6-16所示。

图6-16　"向量图样透明度"属性面板

（16）选择"阴影"工具，调整文字的阴影效果，将其移至文字的下方，并调整好其位置，效果如图6-17所示。

图6-17　"超级速度"效果图

（17）执行"文件"→"保存"命令或按快捷键"Ctrl+S"，弹出"保存绘图"对话框，选择保存的位置，输入文件名"艺术字"，保存类型为默认的"CDR-CorelDRAW"，单击"保存"按钮，保存设计制作的源文件。

（18）执行"文件"→"导出"命令或按快捷键"Ctrl+E"，导出JPG文件，命名为"艺术字.jpg"。

任务2　绘制台历封面

任务展示

教学视频

任务分析

台历可美观、大方、简单地呈现日期，便于使用者使用，此次设计的台历主要适用群体为儿童，整体主色调与卡通人物颜色相近。以两种不同的蓝色把背景与人物区分开但又未显突兀。台历的整体搭配协调，给人一种可爱、生动的感觉。

本任务主要使用"形状"工具、"变形"工具、"填充渐变"工具、"轮廓图"工具等来制作。

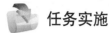 **任务实施**

（1）启动 CorelDRAW X8，单击新建按钮 新建文档，在属性栏中设置"自定义"纸张大小，宽度为 300mm，高度为 200mm。

（2）选择"钢笔"工具，绘制 4 个封闭图形，效果如图 6-18 所示。

（3）分别对 4 个封闭图形进行大小调整，选择"形状"工具，将各节点重叠，组合成不规则的图形，效果如图 6-19 所示。

（4）选择"钢笔"工具，在正面矩形的下方绘制一个矩形，选择"形状"工具，将各节点重叠，如图 6-20 所示。

图 6-18 绘制封闭图形　　　　图 6-19 组合封闭图形　　　　图 6-20 封闭图形

（5）选中正面的矩形，填充浅幼蓝（R166，G208，B245），选中下方的矩形，填充幼蓝（R68，G153，B161）。侧面填充浅灰（R204，G204，B204）和灰色（R179，G179，B179）。

（6）选择正面的矩形，选择"透明度"工具，选择"向量图样透明度"选项，填充图样，如图 6-21 所示。

图 6-21 "透明度"属性栏

（7）执行"文件"→"导入"命令，在"导入"对话框里找到"叮当猫.jpg"图片，单击"导入"按钮，选择"挑选"工具，调整图片的大小。

（8）执行"位图"→"轮廓描摹"→"剪贴画"命令，去除图片的白色，如图 6-22 所示。

（9）选择"文本"工具，设置字体为"Cooper Black"，字号为 48pt，字体颜色为蓝色（R0，G0，B255），输入"2018"。

（10）选择"轮廓图"工具，设置"轮廓图步长"为 1，"轮廓偏移"为 0.5mm，填充颜色为黄色（R235，G255，B0）。效果如图 6-23 所示。

（11）选择"文本"工具，设置字体为"迷你简太极"，字号 48pt，字体颜色为蓝色（R0，G0，B255），输入"哆啦 A 梦"。

（12）选择"封套"工具，调整文字的样式，中间窄，两边宽。

（13）选择"轮廓图"工具，设置"轮廓图步长"为 1，"轮廓偏移"为 0.5mm，填充颜色为黄色（R235，G255，B0）。

（14）选择"椭圆形"工具，"轮廓线"为无，绘制一正圆，填充白色至黄色的径向渐变，按快捷键"Ctrl+D"复制多个小圆，并放至相应的位置。效果如图 6-24 所示。

图 6-22　图片调整

图 6-23　文字效果 　　　　　　　　　　　　　　　图 6-24　文字效果

（15）选择"椭圆形"工具 ，轮廓宽度为 1mm，黑色，绘制一正圆，填充白色，按快捷键"Ctrl+D"复制多个小圆，并放至相应的位置，完成台历小孔的制作。

（16）选择"矩形"工具 ，轮廓宽度为 0.2mm，灰色，绘制矩形，填充深褐色（R102，G51，B51）—白色（R255, G255, B255）—深褐色（R102，G51，B51）的线性渐变。

（17）选择"矩形"工具 ，在台历的上方绘制一个矩形条，填充深褐色（R102，G51，B51）—白色（R255, G255, B255）—深褐色（R102，G51，B51）的线性渐变，这样就完成了台历金属环的制作。效果如图 6-25 所示。

图 6-25　金属环效果

（18）执行"文件"→"保存"命令或按快捷键"Ctrl+S"，弹出"保存绘图"对话框，选择保存的位置，输入文件名"台历封面"，保存类型为默认的"CDR-CorelDRAW"，单击"保存"按钮，保存设计制作的源文件。

（19）执行"文件"→"导出"命令或按快捷键"Ctrl+E"，导出 JPG 文件，命名为"台历封面.jpg"。

任务 3　绘制台历内页

任务展示

教学视频

任务分析

　　台历是一个记录日期的工具，也是展示一个人物形象的有机窗口。设计者以天蓝渐变为背景，以卡通漫画形式的太阳、房子与螃蟹的组合搭配，充满卡通式的风格，十分符合幼龄儿童的喜爱，整个日历给人一种轻松、愉悦、生动、活泼、卡通、顽皮的感觉。

　　本任务主要使用"阴影"工具、"变形"工具、"填充渐变"工具、"星形"工具等来制作。

任务实施

　　（1）启动 CorelDRAW X8，单击新建按钮新建文档，在属性栏中设置"自定义"纸张，宽度为 300mm，高度为 200 mm。

　　（2）选择"矩形"工具 □，设置转角半径为 5mm，轮廓宽度为 5mm，填充色为白色，轮廓色为红褐色（R112，G41，B43）。

　　（3）选择"矩形"工具 □，设置转角半径为 0，填充色为绿色（R0，G255，B0），轮廓色为无，绘制一个小矩形，按快捷键"Ctrl+D"再复制两次，分别填充洋红（R255，G0，B255）和黄色（R255，G255，B0），置于右侧轮廓线上。

　　（4）选择"矩形"工具 □，设置转角半径为 2 mm，绘制一个矩形，填充为浅蓝至白色的线性渐变。

　　（5）按快捷键"Ctrl+D"再复制 1 个矩形，填充为浅绿色至白色的线性渐变，调整好其位置。

　　（6）分别选择左、右两侧的矩形，单击"透明度"按钮，选择"向量图样透明度"选项，参数如图 6-26 所示，填充图样，移动图样中心点的位置和大小，即可调整填充图样的位置和大小。

图 6-26　"透明度"属性栏

（7）执行"文件"→"导入"命令，在"导入"对话框里，选择"卡通房子.jpg"图片，单击"导入"按钮，选择"选择"工具，调整图片的大小。

（8）执行"位图"→"轮廓描摹"→"剪贴画"命令，去除图片的白色背景。

（9）选择"星形"工具，边数为 10，锐度为 40，填充色为黄色，绘制一个多角星形，选择"变形"工具，调整多边形的形状。

（10）选择"阴影"工具 ▣，设置"阴影不透明度"为 100，"阴影羽化"为 15，阴影颜色为红色，给多边形添加阴影，如图 6-27 所示。

图 6-27 "阴影"工具属性栏

（11）选择"椭圆形"工具，边线为无，绘制一个圆脸，填充红色，再绘制两个黄色小圆，作为太阳的眼睛，再绘制两个圆，单击"移除前面"按钮，完成笑脸中嘴巴的制作。选择对象，执行"对象"→"组合"命令，或按快捷键"Ctrl+G"，组合图形并移至相应位置，调整其大小，效果如图 6-28 所示。

（12）选择"文本"工具 **字**，设置字体为"华文仿宋"，字号为 28pt，颜色为洋红（C0 M100 Y0 K0），输入"2018 年 10 月"。同样的方法，制作"保护环境从我做起"。

（13）选择"阴影"工具 ▣，设置"阴影不透明度"为 100，"阴影羽化"为 15，阴影颜色为黑色，给文字添加阴影，如图 6-29 所示。

图 6-28 "太阳"的效果图　　　　　　　　　　　　图 6-29 文字效果

（14）选择"矩形"工具 ▢，轮廓线大小为 0.25mm，颜色为蓝色，无填充，线条样式为点画线，绘制一个矩形。选择"轮廓图"工具，设置外轮廓为 1，给矩形增加轮廓，如图 6-30 所示。

图 6-30 "轮廓图"工具属性栏

（15）选择"文本"工具字，设置字体为"华文仿宋"，字号为 18pt，字体颜色为（C82 M32 Y5 K0），执行"视图"→"标尺"命令，从边界拖出几条参考线，将日期按顺序输入。

（16）执行"文件"→"导入"命令，在"导入"对话框里，选择"卡通螃蟹.jpg"图片，单击"导入"按钮，选择"选择"工具，调整图片的大小及位置。

（17）执行"位图"→"轮廓描摹"→"剪贴画"命令，去除图片的白色背景。

（18）执行"星形"工具 ☆，边数为五边，再增加两颗蓝色的星星。

（19）单击"文件"→"保存"命令或按快捷键"Ctrl+S"，弹出"保存绘图"对话框，选择保存的位置，输入文件名"台历内页"，保存类型为默认的"CDR-CorelDRAW"，单击"保存"按钮，保存设计制作的源文件。

（20）执行"文件"→"导出"命令或按快捷键"Ctrl+E"，导出 JPG 文件，命名为"台历内页.jpg"。

项目总结

本项目通过制作艺术字和两个台历，进一步学习了 CorelDRAW 中矢量图的编辑与调整，即"阴影"工具、"轮廓图"工具、"变形"工具、"透明度"工具、"调和"工具、"立体化"工具等工具与命令的操作方法及技巧。

拓展练习

（1）制作促销广告，效果如图 6-31 所示。

图 6-31 促销广告效果图

（2）制作 2020 年台历封面，效果如图 6-32 所示。

（3）制作 2022 年台历内页，效果如图 6-33 所示。

图 6-32 台历封面效果图

图 6-33 台历内页效果图

项目 7

图文混排——画册制作

项目导读

　　图文混排是排版设计中经常处理的工作，这些技巧被广泛应用于画册、书籍、报纸、杂志等版面的设计中，以增强图形和文本的视觉显示效果。

　　画册是商业贸易活动中的要素，也是广告形式的一种，它可以通过邮寄或分发的形式向消费者传达商业信息，具有针对性强和独立性强的特点。通过项目任务的学习，不仅提升学生的知识与技能，还培养了学生文化自信，家国情怀，提升审美能力。

学习目标

- 段落文本编辑
- 路径文字
- 文本链接
- 表格制作
- 能制作简单的画册

项目任务

- 制作儿童作品画册封面
- 制作宣传画册内页

 知识技能

7.1　段落文本编辑

在 CorelDRAW X8 中，可以创建美术字和段落文本。美术字用于添加少量文字，可以将其当做一个单独的图形对象处理，使用时选择使用"文本"工具 或按 F8 键，直接在页面上单击即可输入。而段落文本通常用于较多文字内容的输入和编辑，并对其进行多样的编辑，常用于报纸、画册、杂志、产品说明书等的文本设计。

1）段落文本的输入

选择"文本"工具 或按 F8 键，在绘图区中单击并拖动鼠标，将出现一个矩形文本框，当到达所需大小后释放鼠标左键。在文本框中输入文本，文本框的大小将保持不变，超出文本框容纳范围的文本将被隐藏，如图 7-1 所示。要让文本全部显示，可移动光标至隐藏按钮 上，按住鼠标左键向下拖动，直到文本全部显示，释放鼠标左键，如图 7-2 所示。

图 7-1　隐藏文本

图 7-2　文本全部显示

2）段落文本转换美术字

当段落文本框内文本全部显示时，单击段落文本框，执行 "文本"→"转换为美术字"命令或按快捷键"Ctrl+F8"，文本框消失，段落文本变为美术字。

3）段落文本适合框架

执行"文本"→"段落文本框"→"使文本适合框架"命令，文本框将自动调整文本的大小，使文本完全在文本框中显示。

4）文本格式设置

当选择"文本"工具时，会自动弹出文本格式属性栏，如图 7-3 所示。若要进行复杂格式的设置，则单击 A₀ 按钮或按快捷键"Alt+Enter"，弹出"对象属性"泊坞窗，可以设置字符格式或段落格式，如图 7-4 和图 7-5 所示。因文本样式的设置与 Word 文字软件的操作类似，故此处不再赘述。

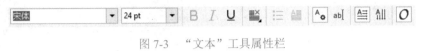

图 7-3　"文本"工具属性栏

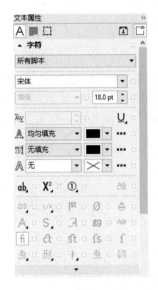

图 7-4　字符文本属性设置

图 7-5　段落文本属性设置

7.2　文本的形式

1．将文本放置在图形中

文本可以放置于各种封闭图形中。选择"文本"工具，将光标移到已绘制的图形上，当光标变成图 7-6 所示时单击，输入文本内容，效果如图 7-7 所示。

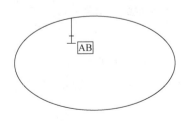

图 7-6　光标变形

图 7-7　将文本输入到图形中

2．文本适应路径

将光标移到绘制的路径图形旁边，当光标如图 7-8 所示时单击鼠标，输入文本，使用"形状"工具，单击节点，可以调整文字的位置，如图 7-9 所示。

图 7-8　光标变形

图 7-9　文本适应路径

3．文本链接

文本可以在不同的段落文本框中链接，这给画册、宣传册、杂志等作品设计与制作带来了很大的便利。当段落文本中的文字过多，超出部分义本框时，下方将出现图标，单击该图标，移动光标到另一个段落文本框上，当光标变成粗箭头时单击，即可将两个文本链接起来，如图 7-10 所示。

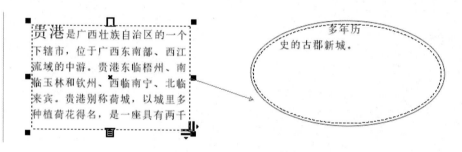

图 7-10　文本链接

7.3　表格制作

选择"表格"工具，会弹出表格属性栏，如图 7-11 所示。可以设置表格的行数与列数、背景色、边框样式、颜色、文本换行等，具体操作与 Word 文字处理软件的操作类似，此处不再赘述。

图 7-11　表格属性设置

项目实施

任务1　制作儿童作品画册封面

任务展示

任务分析

本任务制作的是一个对折的儿童作品画册，版式活泼、色彩亮丽，以迎合儿童审美需求，体现儿童的快乐纯真。本任务主要运用 "矩形"工具、"文本"工具、"贝塞尔"工具、"阴影"工具、"调和"工具等来制作。

任务实施

（1）启动 CorelDRAW X8，单击新建按钮新建文档，在属性栏中设置纸张宽度为508mm，高度为381mm，单击"确定"按钮。

（2）双击"矩形"工具，快捷制作出一个与工作区一样大小的矩形。选择"交互式填充"工具，设置填充由上至下、从粉红色（R250，G138，B183）到黄色（R240，G250，B200）的线性渐变色，效果如图 7-12 所示。

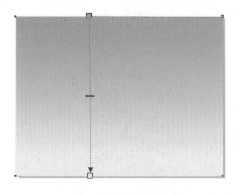

图 7-12　渐变填充

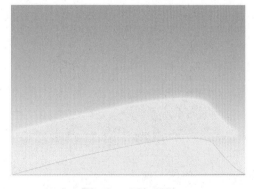

图 7-13　添加阴影

（3）选择"贝塞尔"工具，绘制图形，填充任意色。选择"阴影"工具，在图形上拖动。在属性栏中设置阴影不透明度为100，阴影羽化为30，阴影颜色为黄色，合并模式为"强光"，效果如图 7-13 所示。

（4）按快捷键"Ctrl+K"拆分阴影，删去原图。执行"对象"→"PowerClip"→"置于图文框内部"命令，将选中的阴影精确裁剪于背景矩形内，并调整其位置。在标尺上拖动出一条辅助线放置在中间，效果如图 7-14 所示。

图 7-14　添加辅助线

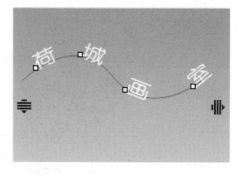

图 7-15　制作路径文字

（5）制作路径文字。选择"贝塞尔"工具，绘制一条曲线。选择"文本"工具，绘制路径文字"荷城画室"，设置字体为"幼圆"，设置轮廓与填充均为白色，选择"选择"工具，调整

图 7-16　绘制矩形及输入文字

文字大小，选择"形状"工具，拖动节点，调整文字位置，效果如图 7-15 所示。

（6）选择"文本"工具，输入文字"儿童作品"，设置字体为"幼圆"，设置轮廓与填充色均为白色。按快捷键"Ctrl+K"拆分文字，调整文字大小。选择"矩形"工具，绘制矩形，分别放置于上述文字的下一层，删除"荷城画室"的路径填充色，效果如图 7-16 所示。

（7）选择"文本"工具，绘制段落文本框，输入文字，设置填充色为红色，轮廓色为白色，调整字间距和行间距，效果如图 7-17 所示。

（8）选择"矩形"工具，绘制一个矩形，设置轮廓值为 2.5，颜色为白色，使用"选择"工具调整矩形位置，导入"儿童画"素材，分别精确裁剪于矩形中，效果如图 7-18 所示。

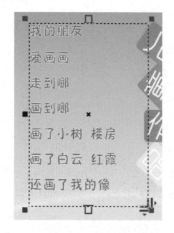

图 7-17　输入文字

图 7-18　导入素材于绘制的一组矩形中

（9）绘制圆角卡通星星。

① 选择"星形"工具，设置边数为 5，锐度为 30，绘制一个五角星。右击，在弹出的快捷菜单中执行"转换为曲线"命令，使用"形状"工具，选择星形图形的所有节点，单击"形状"工具属性栏中的"转换曲线"按钮，将图形的线条都转换为曲线，单击"对称节点"按钮，设置填充色与轮廓色均为橘红色，效果如图 7-19 所示。

② 选择"选择"工具，按"Shift"键，拖动对角控制点，绘制一个同心稍小些的星形图形，设置填充色及轮廓色为黄色，使用"透明度"工具设置均匀透明度为 50；选择"调和"工具，对这两个星形图形进行调和操作，设置调和步长数为 30，效果如图 7-20 所示。

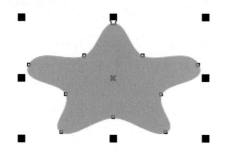

图 7-19　绘制圆角星星　　　　　　　　　　图 7-20　调和后的星星图形

③ 绘制高光。选择"贝塞尔"工具，绘制一个曲线图形，设置填充色及轮廓色为白色，并调整其位置。使用"选择"工具全选卡通星星的全部图形，设置群组，完成图形绘制，效果如图 7-21 所示。

（10）绘制卡通的月亮图形。选择"椭圆形"工具，绘制两个重叠的圆形，选择两个圆形，使用对象"修剪"按钮，绘制出月亮图形，采用卡通星星图形的调和及高光绘制技巧，完成卡通月亮的绘制，如图 7-22 所示。

图 7-21　绘制高光后的图形　　　　　　　　图 7-22　卡通月亮效果图

（11）绘制渐变色的卡通爱心树。选择"基本形状"工具，绘制出一个爱心图形，将其转换为曲线，填充从白色到粉红的渐变色，无轮廓色；复制爱心图形，设置填充色及轮廓色为洋红色，放大并放置在前一个爱心图形之下；使用"调和"工具，对这两个图形进行调和；使用"矩形"工具，绘制矩形，设置填充色和轮廓色为洋红色；选择"透明度"工具，使用矩形图形，从上到下进行透明设置，效果如图 7-23 所示。

（12）绘制卡通白云。选择"椭圆形"工具，绘制 5 个圆形，调整好位置，使用其交叉重叠后的图形外轮廓和云朵形状一致；对这 5 个圆形进行"对象合并"操作，设置其填充色及轮廓色为白色；复制合并后的图形，放置于其后面，设置填充色为浅蓝色，调整好位置；对这两个图形进行群组，完成云朵的绘制，效果如图 7-24 所示。

图 7-23　卡通爱心树

图 7-24　白云

图 7-25　地址信息

（13）选择"文本"工具，绘制段落文本框，输入画室地址信息，设置填充色及轮廓色为蓝色，调整字体间距及行距，效果如图 7-25 所示。

（14）导入素材，遮罩素材的部分颜色。导入素材"色彩盘.jpg"，执行"窗口"→"泊坞窗"→"效果"→"位图颜色遮罩"命令，设置值为 81，单击"吸管"按钮，选中素材中的白色，单击"应用"按钮，具体参数的设置如图 7-26 所示，效果如图 7-27 所示。

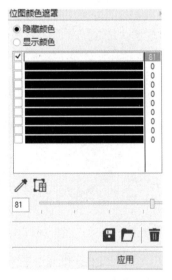

图 7-26　设置位图颜色遮罩

图 7-27　遮罩白色背景后的效果图

（15）调整白云、星星、月亮、爱心树等图形的位置及大小 ，完成作品绘制。

（16）执行"文件"→"导出"命令或按快捷键"Ctrl+E"，导出 JPG 文件，命名为"儿童作品画册.jpg"。

任务 2 制作宣传画册内页

任务展示

任务分析

宣传画册是一种视觉表达形式，通过其版面构成，多方面地向人们介绍产品的特色和信息，在短时间内吸引人们的注意力，最终达到宣传的目的。

本任务制作的是一个对折的、图文并茂的宣传画册内页，主要运用"文本"、"表格"、"矩形"、"透明度"等工具与命令来制作。

任务实施

（1）启动 CorelDRAW X8，单击新建按钮 新建文档，在属性栏中设置纸张宽度为 483mm，高度为 333mm。

（2）双击"矩形"工具，绘制与工作区大小相同的矩形，填充白色。

（3）绘制辅助线，定位画册边距。执行"工具"→"选项"→"辅助线"→"垂直"命令，添加垂直辅助线 19、221.5、241.5、261.5、464，如图 7-28 所示，添加水平辅助线 15、314。执行"视图"→"贴齐辅助线"命令，以后在绘制图形时图形会自动贴齐辅助线。

图 7-28 添加垂直辅助线

（4）制作页眉。选择"文本"工具，设置字体为"微软雅黑"，字号为"21"，输入"贵港宣传"，设置填充色及轮廓色为青色。选择"矩形"工具，绘制一个高度为 0.45mm 的矩形，贴近右上方辅助线相交处，调整文本的位置，复制上述的文本与矩形，调整其位置，效果如图 7-29 所示。

（5）制作页码信息。选择"文本"工具，分别在辅助线左、右下方的交叉处，输入页码信息。分别绘制长 21mm、高 7mm 的矩形，放置于页码信息下面，完成页码制作。

图 7-29　页眉制作

（6）制作主标题及子标题。主标题采用较大的字号，而各子标题设置同样的字体与字号、颜色，其操作方法与页码信息制作类似。

（7）编辑画册左侧简介文字与图片。

① 选择"文本"工具，贴齐辅助线，绘制段落文本框，输入文字，设置"贵港"两个字的字号为 24，其余的文字字号为 16。

② 导入素材"世纪广场.jpg"，将图片放置于段落文本框中，单击属性栏中的▤按钮，选择"跨式文本"选项，调整图片的大小与位置。单击▲按钮，设置文本属性泊坞窗中的参数，如图 7-30 所示，完成图文混排，效果如图 7-31 所示。

（8）绘制有编号的"贵港交通"文本信息。选择"文本"工具，贴齐左侧两条垂直辅助线的宽度，绘制段落文本框，输入文本信息，单击文本属性泊坞窗中 ☑项目符号　　　…中的修改按钮，弹出"项目符号"面板，如图 7-32 所示。设置项目符号，单击"确定"按钮，效果如图 7-33 所示。

图 7-30　文本属性设置

图 7-31　图文混排效果

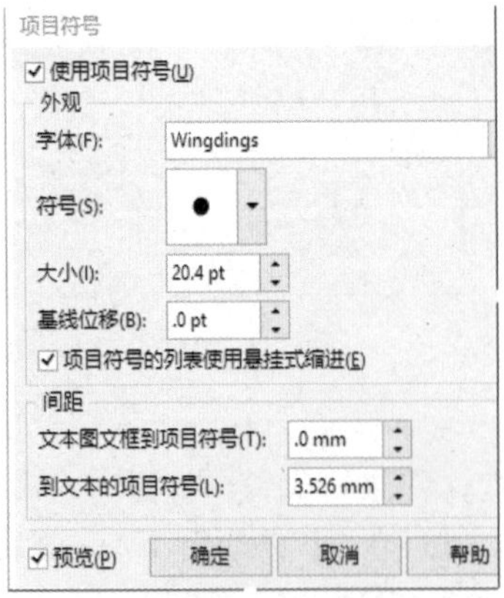

图 7-32　设置项目符号参数

图 7-33　交通信息效果图

（9）与上述操作方法相同，实现第 4 页上半部分的图文混排效果，效果如图 7-34 所示。

图 7-34　第 4 页上半部分效果图

（10）绘制景点风景展示图。选择"矩形"工具，分别绘制 4 个同高度与宽度的矩形，选中所有矩形，执行"对象"→"对齐和分布"→"底端对齐"命令，设置轮廓宽度为 1.5mm，颜色为白色。导入 4 张景点图片素材，执行"对象"→"PowerClip"→"置于图文框内部"命令，分别将素材精确剪裁于这 4 个矩形中，编辑好位置与大小，效果如图 7-35 所示。

图 7-35　景点风景图

（11）绘制表格。选择"表格"工具▦，在表格属性中设置 6 行、3 列，绘制表格，选择第一行，设置属性栏中的背景色为青色，边框为 0.5mm。分别单击单元格，输入文本信息。单击属性栏中的▤▤ 按钮，分别设置文本在单元格中的对齐样式，完成表格绘制，效果如图 7-36 所示。

景区名称	地址	景点等级
南山寺	贵港市港南区南山路南山景区内	AA
桂平西山	贵港市桂平市西山路3号	AAAA
龙潭国家森林公园	贵港市桂平市南木镇金田林场114号	AAAA
平天山国家森林公园	贵港市港北区覃塘管窑区覃塘镇服竹乡	AAAA
桂平大藤峡景区	大藤峡位于桂平城区西北约8公里处	AAA

图 7-36　表格效果图

（12）制作画册第 3 页的背景图。导入素材"世纪广场 1.jpg"，选择"透明度"工具▨，设置线性渐变透明，拖动出如图 7-37 所示的透明效果。执行"对象"→"PowerClip"→"置于图文框内部"命令，将处理好的素材放置于背景矩形内，编辑其大小与位置，使其不影响文本的观看效果，如图 7-38 所示。

（13）以同样的方法，导入素材"楼房.jpg"，精确剪裁于置入的背景矩形中，编辑其大小及位置，完成背景效果制作。

图 7-37　透明效果

图 7-38　置入背景矩形中

（14）执行"文件"→"保存"命令或按快捷键"Ctrl+S"，保存文件为"贵港宣传画册内页.cdr"。

（15）执行"文件"→"导出"命令或按快捷键"Ctrl+E"，导出 JPG 文件，命名为"贵港宣传画册内页.jpg"。

（16）检查画册的整体排版效果，调整标题与文本的位置，完成作品制作。

项目总结

本项目制作了画册的封面与内页。在画册制作前，要确定了画册的受众人群，之后对画册整体内容及风格进行构思，因为针对不同人群在整个画册的侧重点及风格上要有不同的设计思路。

本项目主要运用了"文本"、"表格"、"阴影"、"透明度"等工具与命令。其中，重点讲解了段落编辑、文本编辑、路径文字、表格等，以制作图文并茂的画册，使整个文档版式美观大方。

拓展练习

（1）制作企业宣传画册封面，要求：对折页画册封面宽 420mm，高 210mm，如图 7-39 所示。

图 7-39　企业画册封面

（2）制作旅游宣传画册内页，如图 7-40 所示。

图 7-40　旅游宣传画册内页

（3）制作企业宣传画册内页，如图 7-41 所示。

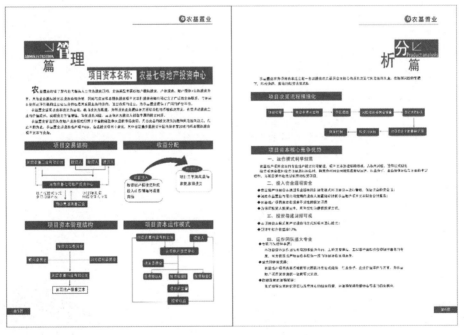

图 7-41　企业宣传画册内页

项目 8

位图效果调整应用——制作户外广告

项目导读

    本项目通过制作户外广告，了解广告设计的基本知识，学习绘制各种效果的矢量图，侧重学习位图的效果处理，包括位图的色彩模式，位图的色彩调节、调和，透视图形编辑。

    户外广告是在建筑物外表或街道、广场、地铁等室外公共场设立的霓虹灯、广告牌、展板、海报、店面门头、灯箱广告等，通过在固定的地点长时期地展示，提高企业和品牌知名度的广告。户外广告面向的群体比较多，要考虑广告法的约束，文案、图像素材要符合法律要求。

学习目标

- 位图的色彩模式和色调调整
- 位图的色度/饱和度/亮度调整
- 位图的高反差调整
- 调和曲线调整
- 透视效果

项目任务

- 制作户外公益广告
- 制作房地产户外广告
- 制作汽车展销会展板

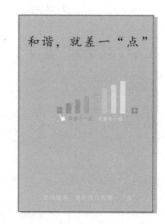

 知识技能

8.1 位图的色彩模式和色彩调整

1. 色彩模式

色彩模式是数字世界中表示颜色的一种算法。色彩模式定义了图像的色彩特征，为了使用户快速制作位图的色彩特效，CorelDRAW X8 提供了多种色彩模式，包括黑白、灰度、双色、调色板、RGB、Lab、CMYK 模式等，如图 8-1 所示。实际工作中使用最多的就是 RGB 和 CMYK 两大色彩模式。

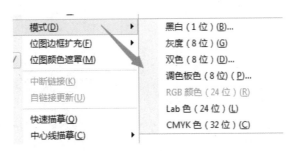

图 8-1 "模式"子菜单

改变位图颜色模式的具体操作如下。

（1）使用"选择"工具，选中位图。

（2）执行"位图"→"模式"命令。打开"模式"子菜单，根据需要选择相应的模式效果。图 8-2 所示为位图的原图与黑白色彩模式下的对比效果。图 8-3 所示为位图的原图与灰度色彩模式下的对比效果。

图 8-2 位图原图与黑白模式下的对比效果　　　图 8-3 位图原图与灰度模式下的对比效果

2．色调调整

色调指的是一幅画中画面色彩的总体倾向，是大的色彩效果。在大自然中，人们经常见到这样一种现象：不同颜色的物体或被笼罩在一片金色的阳光之中，或被笼罩在一片轻纱薄雾似的、淡蓝色的月色之中；或被秋天迷人的金黄色所笼罩；或被统一在冬季银白色的世界之中。这种在不同颜色的物体上笼罩着某一种色彩，使不同颜色的物体都带有同一色彩倾向的现象就是色调。

8.2　位图的色度/饱和度/亮度调整

使用"色度/饱和度/亮度"命令可以对位图的色相、饱和度和亮度进行设置，使得位图的颜色发生改变。

使用"色度/饱和度/亮度"调节位图的方法如下。

（1）使用"选择"工具，选中位图图像。

（2）执行"效果"→"调整"→"色度/饱和度/亮度"命令，在弹出的"亮度/对比度/强度"对话框中，设置各项参数，单击"确定"按钮，效果如图 8-4 所示。

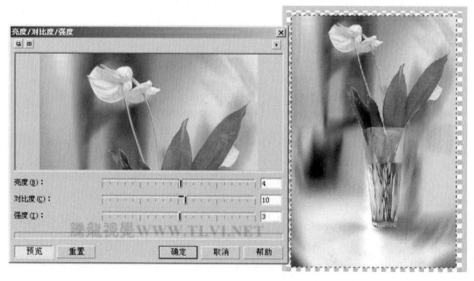

图 8-4　图像的效果

8.3　位图的高反差调整

使用"高反差"命令可以调整位图输出颜色的浓度，可以从最暗区到最亮区重新分布图像颜色的浓淡度来调整阴影区域、中间区域和高光区域。可以通过高反差调整图像的亮度、对比度和强度，使得阴影区域和高光区域的细节不被丢失，也可以通过定义色调范围的起始点和结束点，来在整个色调范围内重新分布像素值。

使用"高反差"命令调节位图颜色的方法如下。

（1）使用"选择"工具 ，选中位图图像。

（2）执行"效果"→"调整"→"高反差"命令，在弹出的"高反差"对话框中，设置各项参数，单击"确定"按钮，如图 8-5 所示。

图 8-5　高反差效果图

"高反差"对话框中各参数及按钮的功能如下。

双预览窗口和单预览窗口按钮 ：可打开比对预览窗口，左窗口显示的是原图像，右窗口显示的是滤镜完成各项设置后的效果。将光标移动到左侧预览窗口中，按住鼠标左键并拖动，可平移视图；单击，可放大视图，右击，可缩小视图。

（1）"滴管取样"：用于设置滴管工具的取样种类。

（2）"通道"：用于选择要进行调整的颜色通道。

（3）"自动调整"：选中"自动调整"复选框，可自动对选择的颜色通道进行调整。单击右侧的"选项"按钮，可以在弹出的"自动调整范围"对话框中对黑白色限定范围进行调整。

（4）"柱状图显示剪裁"：用于设置色调柱状图的显示效果。

（5）"输入值剪裁"：使用"白色滴管工具" 吸取图像中的亮色调时，"输入值剪裁"选项右侧的数值框中最亮地方的色值将跟随吸管所取样图像的色调同步改变，图像效果也会随之改变。同样，"黑色滴管工具" 的功能也是一样的。

（6）"输出范围压缩"：色阶示意图下面的"输出范围压缩"选项适用于指定图像最亮色调和最暗色调的标准值，拖动相应三角滑块可调整对应色调效果。

（7）"伽玛值调整"：拖动滑块调整图像的伽玛值，从而提高低对比度图像中的细节部分。

8.4 调合曲线

调合曲线通过调整单个颜色通道或复合通道（所有复合的通道）来进行颜色和色调校正。色调曲线代表阴影（图形底部）、中间调（图形中间）和高光（图形顶部）。图形的 X 轴代表原始图像的色调值，Y 轴代表调整后的色调值。如果要选择调整图像中的特定区域，则也可以使用吸管工具在图像窗口中进行选择。

在色调曲线上单击可以添加控制节点，通过拖动节点调整曲线的形状来调整图像的亮度与对比度。色调曲线上的控制点向上移动可以使图像变亮，反之则变暗。导入一张亮度不足的位图，如图 8-6 所示。先使用"选择"工具 ▶ 选择位图，再执行"效果"→"调整"→"调合曲线"命令，弹出"调合曲线"对话框，通过观察直方图，可以知道该位图的亮度不足，如图 8-7 所示。提升色调曲线的中间调，提高位图的亮度，如图 8-8 所示。

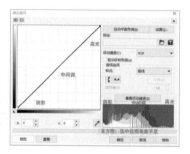
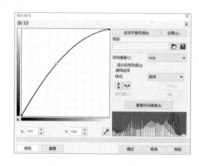

图 8-6　亮度不足的位图　　　图 8-7　调合曲线注解图　　　图 8-8　提升中间调来提高位图的亮度

"调合曲线"对话框的色调曲线呈 S 形的作用是使图像中原来较亮的部位变得更亮、原来较暗的部位变得更暗，以此来提高图像的对比度。如图 8-9 所示，左图是需要调整的图像，中图是调合曲线调整情况，右图是调整后的效果。

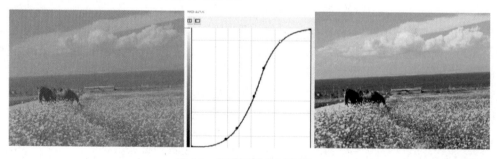

图 8-9　调整图像的对比度

8.5 颜色平衡

"颜色平衡"命令通常用于纠正或调整图像色彩。使用"颜色平衡"命令调整位图的方法如下。

（1）导入图片，选择位图，调整前效果如图 8-10 所示。

（2）执行"效果"→"调整"→"颜色平衡"命令或按快捷键"Ctrl+Shift+B"，弹出"颜色平衡"对话框。

（3）调整预览窗口。单击双预览窗口可显示原图和效果图两个窗口，左窗口显示的是原图，右窗口显示的是完成各项设置后的效果预览图。

（4）勾选调整范围。可以在"范围"选项组中勾选需要调整颜色的范围，勾选后才会调整相应的颜色平衡。

（5）调整颜色通道。拖动颜色通道下面的滑块，将青色或红色、品红色或绿色、黄色或蓝色添加到位图选定的色调中，并调整颜色值。例如，如果希望减少色调中的蓝色，则可以将颜色值从蓝色向黄色偏移。

（6）选择范围不同的调整。当选择范围不同时，调整颜色通道得到的效果不同。

（7）重置效果。单击"重置"按钮，参数将恢复原样，可以重新调整参数。

根据需要设置各项参数（青-红：-100；品红-绿：100；黄-蓝：-100；选择调整中间色调、高光、保持亮度），如图 8-11 所示，单击"OK"按钮，则图像的高光和中间色调调整为绿色，由于没有选择阴影范围，所以该区域的色彩没有被调整，效果如图 8-12 所示。

图 8-10 调整前效果

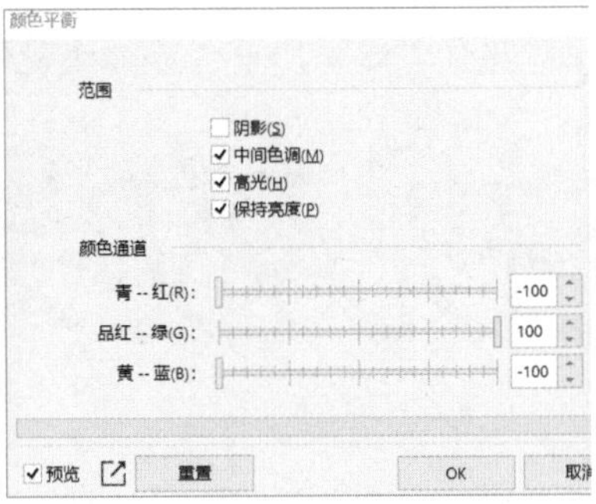

图 8-11 颜色平衡参数设置

图 8-12 调整后效果

8.6 调和工具

CorelDRAW 可以对两个或多个图形进行调和，即通过形状和颜色的改变使一个图形渐变为另一个图形，并形成一系列中间图形，从而形成图形渐进变化的过渡效果。

操作方法如下：

（1）不同颜色、不同形状的图形调和。绘制两个不同颜色、不同形状的图形，选择"调合"工具，将鼠标指针移动到其中一个图形上，当鼠标指针显示为调和状态时，拖动鼠标使箭头指向另一个图形，当两个图形之间形成一条虚线时，释放鼠标左键即可完成调和。设置不同的参数将产生不同的调和效果，如图 8-13 所示。

直接调和与路径调和。绘制爱心路径和两个小球。先对两个小球执行直接调和操作，设置调和步长为 10；然后单击"调和路径"按钮 ，当鼠标指针变成向下弯曲的粗箭头形状时，将其移动到爱心路径上单击，调整调和的起点和终点，可以让小球排列更美观，效果如图 8-14 所示。

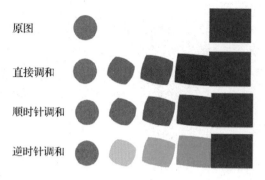

图 8-13　设置不同参数的调和效果

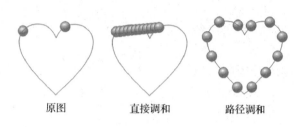

图 8-14　直接调和和路径调和效果

8.7　透视

利用透视功能，可以将对象调整为透视效果。下面是两种调整透视效果的做法。

方法一：

（1）选择需要设置的文字对象，执行"效果"→"添加透视"命令，效果如图 8-15 所示。

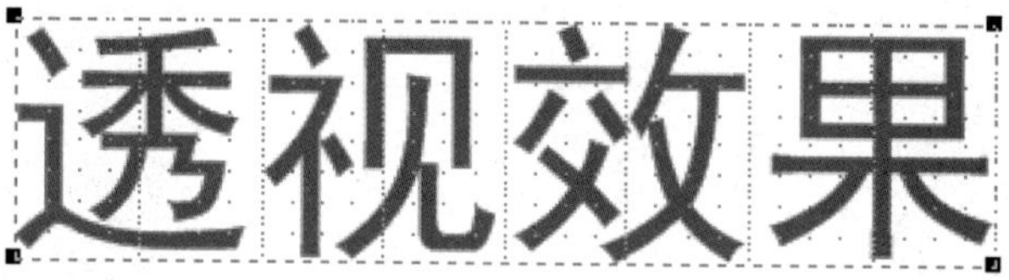

图 8-15　透视效果

（2）在矩形控制框 4 个角的锚点处拖动鼠标，可以调整透视角度和方向，如图 8-16 所示。

图 8-16　透视效果

方法二：

（1）选择"交互式立体化"工具，如图 8-17 所示。

（2）拖动字体，制作立体透视效果。在属性栏"颜色"下拉列表中选择"使用递减的颜色"选项，对立体背景进行渐变，如图 8-18 所示。

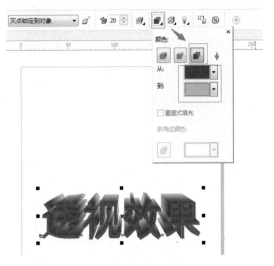

图 8-17　交互式立体化工具　　　　　　　　　　　图 8-18　效果

项目实施

任务 1　制作公益户外广告

任务展示

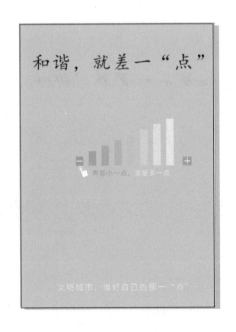

任务分析

制作此公益广告时，设计者以"绿色"为主色调，以矩形的变化代表声音的音量变化，用手形的小图标控制音量的大小，配上简单的文字，整体简洁、易识别，寓意深刻。

图 8-19　背景颜色

本任务主要学习"调和"、"矩形"工具及调色板的应用，了解户外广告的构思。

任务实施

（1）启动 CorelDRAW X8，单击新建按钮新建一个大小为"A3"、方向为纵向的文档，命名为"户外公益广告"。选择"矩形"工具或直接按"M"键，绘制一个和页面一样大小的矩形，并填充为"浅绿色"，如图 8-19 所示。

（2）选择"文本"工具字或直接按"T"键，输入文字"和谐，就差一'点'"，设置字体为"楷体"，字号为"80"，并拖放到顶部居中处，如图 8-20 所示。

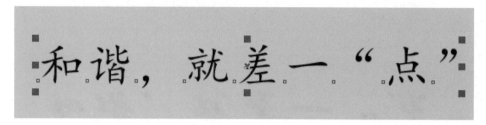

图 8-20　标题文字

（3）选择"矩形"工具或按"F6"键，绘制两个矩形，大小分别为宽 12mm、高 15mm，宽 12mm、高 80mm，去除轮廓，填充色分别为"深绿色"和"黄色"，水平对齐，效果如图 8-21 所示。

（4）选择"调和"工具或直接按"W"键，设置步长为"6"，将光标定位在其中一个"矩形"上，当光标出现"调和"形状的时候拖动到另外一个"矩形"上，效果如图 8-22 所示。

图 8-21　绘制的矩形

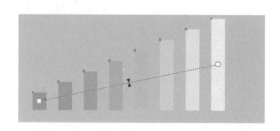

图 8-22　"调和"效果

图 8-23　"加减"图标的绘制

（5）选择"矩形"工具或直接按"M"键，进行左边"-"和右边"+"矩形的绘制，效果如图 8-23 所示。

（6）执行"文件"→"导入"命令，选择要导入的图片"1.jpg"，执行"位图"→"颜色遮罩"命令，打开"位图颜色遮罩"面板，如图 8-24 所示。

（7）单击"颜色选择"按钮，吸取位图中的白色区域部分，调整容差值为"12"即可去掉周围的白色，并对位图进行缩放和旋转，如图 8-25 所示。

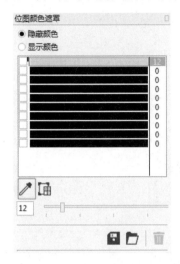
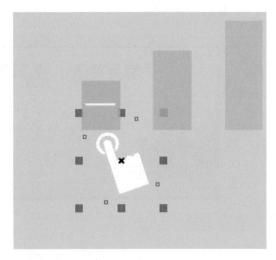

图 8-24　位图颜色遮罩属性　　　　　　　　　　　图 8-25　"位图颜色遮罩"效果

（8）选择"文本"工具 字 或直接按"T"键，输入文字"声音小一点，关爱多一点"、"文明城市，做好自己的那一'点'"，并调整好颜色、大小及位置，如图 8-26 所示。

图 8-26　最终效果图

（9）执行"文件"→"保存"命令或按快捷键"Ctrl+S"，弹出"保存绘图"对话框，选择保存的位置，输入文件名"户外公益广告"，保存类型为默认的"CDR-CorelDRAW"，单击"保存"按钮，保存设计制作的源文件。

（10）执行"文件"→"导出"命令或按快捷键"Ctrl+E"，导出 JPG 文件，命名为"户外公益广告.jpg"。

任务 2 制作房地产户外广告

任务展示

教学视频

任务分析

房地产户外广告用于对楼盘的宣传，人们对特殊字体的注意力要比对平常字体的注意力高得多，因此，这里对字体做了立体化效果设计，加大对视觉的冲击力，广告效果更佳，也增强了人们对内容的记忆。整个标志给人的感觉是简洁、易识别，寓意深刻。

本任务主要使用"立体化"工具、"调和"工具、"椭圆形"工具、调色板等来制作。

任务实施

（1）启动 CorelDRAW X8，单击新建按钮 新建文档，在属性栏中设置纸张宽度为 2400mm，高度为 1200mm。

（2）选择"矩形"工具 或按"M"键，绘制一个与背景相同大小、轮廓为 15mm 的矩形，执行"文件"→"导入"命令，选择 "背景图.jpg"，选中导入的图片，执行"对象"→"PowerClip"→"置于图文框内部"命令，当鼠标指针变成黑色箭头时，在矩形框内单击，完成图片的置入，效果如图 8-27 所示。

图 8-27 置入图框的背景图

（3）选择"文本"工具**字**或直接按"T"键，输入文字"常平地产，亿万造城"，字体为"长城大黑体"，字号为"400pt"，"城"字的字号为"500pt"，颜色为"黑色"，调整其位置，如图 8-28 所示。

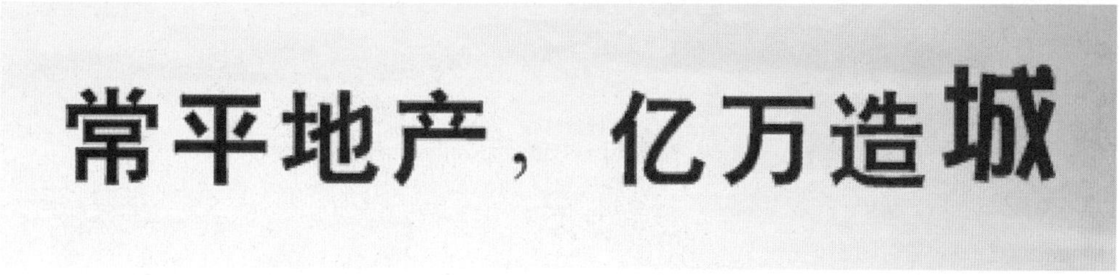

图 8-28　输入文字

（4）选择"立体化"工具⬡，把光标放到字体上，由上向下拖放，如图 8-29 所示。单击"立体化颜色"图标，选择"使用递减的颜色"选项，选择从"橘色"到"浅橙色"的颜色，效果如图 8-30 所示。

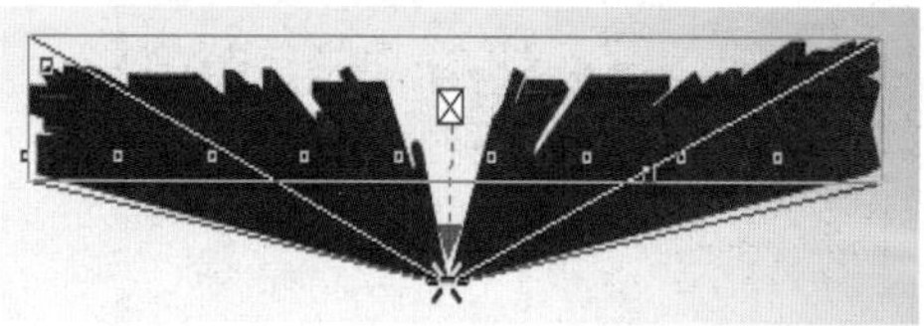

图 8-29　使用"立体化"效果　　　图 8-30　添加"使用递减的颜色"后的效果

（5）选择"文本"工具**字**或直接按"T"键，输入文字内容，并对字体、字号、颜色与位置进行设置，如图 8-31 所示。

图 8-31　文字效果

（6）选择"2 点线"工具或直接按"/"键，绘制两条平行的斜线。选择"调和"工具或直接按"W"键，设置步长为"18"，将光标定位在其中一条"斜线"上，当光标显示为"调和"形状的时候将其拖动到另外一条"斜线"上，复制（Ctrl+C）两个相同的图形，摆放好其位置，并使用"文本"工具输入相关文字，效果如图 8-32 所示。

开发商：|||||||||||||||| 建筑设计：|||||||||||||||| 地址：||||||||||||||||

图 8-32　"调和"效果

（7）绘制正圆。选择"椭圆形"工具或按"F7"键，按住"Ctrl"键绘制一个正圆，填充"黑色"。复制一个正圆，按"Alt+Shift"快捷键，缩小复制的正圆，并填充为"白色"。按住"Shift"键的同时选中两个正圆，右击，执行"组合"命令，或直接使用快捷键"Ctrl+G"将两个正圆组合，如图 8-33 所示。使用同样的方法，再制作出其他的圆形，效果如图 8-34 所示。

图 8-33　圆的调和过程

图 8-34　最终效果图

（8）执行"文件"→"保存"命令或按快捷键"Ctrl+S"，弹出"保存绘图"对话框，选择保存的位置，输入文件名"房地产户外广告"，保存类型为默认的"CDR-CorelDRAW"，单击"保存"按钮，保存设计制作的源文件。

（9）执行"文件"→"导出"命令或按快捷键"Ctrl+E"，导出 JPG 文件，命名为"房地产户外广告.jpg"。

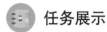 任务 3   制作汽车展销会展板

任务展示

任务分析

在汽车展销会上，可以见到各种品牌车的展板，消费者可以经过汽车展览会场所展示的汽车或汽车相关产品，查看汽车制作工艺的发展动向与人工智能时代的智能汽车发展趋势。本任务效果图是左右构图，设计者通过对字体进行点、线、画组合的文本排版技巧，加强主题视觉焦点效果，提升文本层次感，用灵动的曲线与背景插画增加了视觉的科技感。

本任务的尺寸是 10M×4M。主要使用"交互轮廓"、模糊滤镜、替换颜色、调合等工具和命令制作。

 任务实施

（1）启动 CorelDRAW　X8，单击新建按钮🗋新建文档，在属性栏中设置纸张宽度为 1000mm，高度为 400mm。

（2）制作展板背景。

① 双击"矩形"工具□或按"F6"键绘制一个与工作区相同大小的矩形，填充（C：100，M:10 0，Y：0，K：0），右击标尺，单击"辅助线设置"，设置辅助线水平"60mm，340mm"，垂直"80mm，920mm"。

② 设置页面背景颜色。为了方便调整展板背景的插图颜色及位置，本任务设置页面背景颜色为"黑色"，执行"布局"→"页面背景"命令，在打开的对话框中，设置背景色为"纯色：黑色"。

③ 执行"文件"→"导入"命令或按下"Ctrl+I"，选择要导入的图片"楼房剪影.png"，单击"导入"按钮，调整好图片的位置及大小。选择导入的图片，执行"效果"→"调整"→"替换颜色"，在打开的对话框中，选择"原始"吸管，吸取图像颜色，设置新建颜色（C：40，M:0，Y：0，K：0），其它参数如图 8-35 所示。

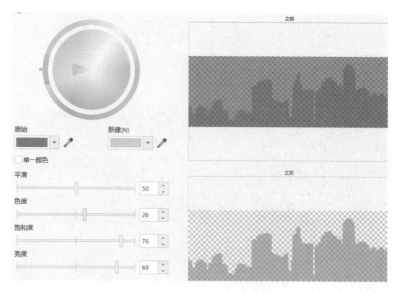

图 8-35　对文字进行"变形"后的效果

④ 执行"对象"→"PowerClip"→"置于图文框内部"命令，当鼠标指针变成黑色箭头时，在背景矩形图形框内单击，完成图片的置入，单击右键，在快捷菜单中执行"编辑PowerClip"，调整图片的大小和位置，效果如图 8-36 所示。在"PowerClip"编辑状态，按下"Ctrl+I"，选择要导入的图片"光线.png"，单击"导入"按钮，导入位图素材，设置属性栏中旋转按钮值为"90" ↻ 90.0，点击鼠标，把图像素材旋转 90 度。使用"选择"工具，调整图像的大小与位置，效果如图 8-37 所示。

图 8-36　替换素材 1 的颜色

图 8-37　调整白色曲线位置与大小

⑤ 按下"Ctrl+I"，选择要导入的图片"汽车.png"，单击"导入"按钮，导入位图素材，调整图像大小与位置，完成编辑后，单击右键，单击快捷菜单中的"完成编辑 PowerClip"，效果如图 8-38 所示。

图 8-38　调整汽车图像的效果

（3）主题文本排版。

① 按下F8键，输入文本"汽车"，字体"微软雅黑"，字号180pt，轮廓和填充颜色为白色，轮廓宽度10px，双击"汽车"美术字，拖动倾斜按钮，效果如图8-39所示。选择"交互轮廓图"工具⬜，设置向内轮廓，步长值为1，轮廓位移0.5mm，轮廓色（C：40，M:0，Y：0，K：0）⬐ 1 ⬜ 0.5 mm ⬜ ⬜ ⬜ ⬜ ◇ ，效果如图8-40所示。同样的操作方法制作"展销会"字体，调整好大小与位置。选择"选择"工具，框选这几个字体，按下"Ctrl+G"组合为一个对象，效果如图8-41所示。

图8-39　倾斜效果

图8-40　制作倾斜的轮廓字

图8-41　调整大小和位置

② 按下F8键，输入文本"高端"，字体"微软雅黑"，字号100pt，轮廓和填充颜色为白色，双击文本，拖动倾斜按钮，调整文本的位置，使字体的底部与"汽车"字体的底部对齐，效果如图8-42所示。同样的方法，制作与排版装饰性的英文字体，字体"微软雅黑"，设置字号50pt的文本。选择"形状"工具，双击字体，可以拖动字体间距调整按钮〓调整字体间距，选择"选择"工具，框选所有的文本，按下"Ctrl+G"组合为一个对象，调整到合适的位置，效果如图8-43所示。

图8-42　排版"高端"文本

图8-43　标题文本排版效果

（4）制作广告词。

① 按下"F8"键，输入文本"数　智　嗨　生　活"，设置字体"微软雅黑"，字号70pt，轮廓和填充颜色为（C：17，M:0，Y：1，K：0）。近下"F7"键，绘制宽高均45mm的正圆，轮廓线宽度为10px，轮廓和填充颜色为白色，调整位置与"数"中心对齐，复制一个正圆，调整位置与"活"中心对齐，效果如图8-44所示。

② 选择"调合"工具✍，设置步长值为3 〓 3，单击"直接调和"按钮✍，单击左侧的圆，拖动鼠标，指向右侧圆，绘制出一组装饰性的圆，如图8-45所示，单击"选择"工具，完成制作。

图8-44　制作倾斜的轮廓字

图8-45　调整大小和位置

③ 制作装饰性英文文本。按下"F8"键，设置"微软雅黑"，字号20pt，无轮廓色，分别输入文本美术字"SHU ZHI HAI SHENG HOU"，填充色（C：17，M:0，Y：1，K：0），选择"形状"工具调整文字字间距。

（5）文本信息的制作与排版。按下"F8"键，设置"微软雅黑"，字号 40pt，无轮廓色，输入文本："活动时间：2028 年 8 月 8 日 活动地点：XX 广场 A-1 展区"颜色白色，调整位置，选择"形状"工具，双击文本，调整文字字间距，使用"选择"工具，框选所有的字体，执行"对象"→"对齐与分布"→"右对齐"，效果如图 8-46 所示。

（6）制作装饰性"光晕"。制作装饰性"光晕"。按下"Ctrl+I"，选择要导入的图片"光晕.png"，单击"导入"按钮，调整好图片的位置及大小。执行"对象"→"PowerClip"→"置于图文框内部"命令，当鼠标指针变成黑色箭头时，在背景矩形图形框内单击，完成图片的置入，按下"Ctrl+C，按下"Ctrl+V"复制一份"光晕"图像，一个置于"汽车"图像后方，调整大小与位置：一个光晕在左上角，一个在车顶部，完成编辑，效果如图 8-47 所示。

图 8-46 字体排版效果

图 8-47 光晕效果

（7）制作装饰性的"星星"图形。选择"星形"工具 ☆，在属性栏上设置边数值 4，锐角值 53，绘制一个轮廓和填充都是白色的宽度 80mm，高度 60mm 的星形图形，执行"位图"→"转换位图"命令，执行"位图"→"模糊"→"高斯模糊"命令，在对话框中设置半径值为 50，单击确定按钮，完成"星星"图形绘制。复制星形图形多个，调整其大小与位置。

（8）按下"Ctrl+I"，选择要导入的图片"手.png"，调整绘图区的图形图像大小和位置，效果如图 8-48 所示。

图 8-48 广告效果图

（9）按快捷键"Ctrl+S"，弹出"保存绘图"对话框，选择保存的位置，输入文件名"汽车展销会展板"，保存类型为默认的"CDR-CorelDRAW"，单击"保存"按钮，保存设计制作的源文件。按快捷键"Ctrl+E"，导出 JPG 文件，命名为"汽车展销会展板.jpg"。

项目总结

本项目介绍了公益户外广告、房地产广告以及汽车展销会展板 3 个任务，并介绍了调和效果、透视效果、色彩的调整等作使用。通过这些操作可以制作出更多的造型和更丰富的透视效果，熟练掌握这些命令及工具对以后的图形设计、创意制作都会有较大的作用。

通过学习本项目，读者学习了 CorelDRAW 中基本工具以及广告的设计要领。图形及文字的设计工具主要有"调和"工具、"交互式立体化"工具等；给图形或文字填充颜色最常用的工具是"调色板"与"交互式填充"工具。通过上述工具的灵活运用，能制作出更具特色的作品。

拓展练习

（1）制作公益宣传户外广告，效果如图 8-49 所示。

图 8-49　公益广告

（2）制作晚会舞台展板，效果如图 8-50 所示。

图 8-50　晚会舞台展板

（3）制作房地产促销广告，效果如图 8-51 所示。

图 8-51　房地产促销广告

（4）制作开业促销宣传展板，效果如图 8-52 所示。

图 8-52　开业促销展板

项目 9

位图应用——书籍装帧

项目导读

　　CorelDRAW 是基于矢量图的图形绘制软件，但它的位图处理功能也是非常强大的，利用"位图"、"效果"菜单中的命令能产生精美的艺术效果。本项目的重点学习内容是位图色彩调整和滤镜效果的操作和应用，难点是灵活运用工具和命令制作书籍封面和目录。

　　书籍版式设计包含封面、目录、内文版式等设计。封面、目录除了直观表达出主题，配色和字体的组合也要贴合书籍内涵所要表达的意境和风格。封面就是一本书籍的橱窗，是所有人看到这本书的第一印象。所以设计师在设计封面的时候不仅需要考虑这本书的内容，也要考虑这本书的读者群体审美心理。

学习目标

- 了解位图与矢量图的相互转换
- 熟悉位图的编辑
- 掌握位图颜色遮罩的使用
- 掌握位图的滤镜效果

项目任务

- 制作儿童书籍封面
- 制作杂志目录

 知识技能

9.1　位图与矢量图的相互转换

1. 矢量图转换为位图

在 CorelDRAW X8 中绘制的图形都是矢量图，由于矢量图不能应用高斯模糊等效果，所以有时候需要将它转换为位图。

使用工具箱中的"选择"工具 ，或直接按"V"键，选中要转换的矢量图。执行"位图"→"转换为位图"命令，弹出"转换为位图"对话框，如图 9-1 所示。

在弹出的"转换为位图"对话框中进行相应的参数设置即可将矢量图转换为位图。

2. 位图转换为矢量图

位图转换为矢量图的最大优点就是无论放大、缩小或旋转等都不会失真，它不受分辨率的影响，文件占用空间较小。用户可以从外部获取位图图像，还可以通过 CorelDRAW 中的相关命令将位图转换成矢量图，对其进行编辑处理，创造出别具风格的画面效果。

（1）执行"对象"→"轮廓描摹"→"线条图"命令，或选中位图图片并右击，在弹出的快捷菜单中执行"轮廓描摹"→"线条图"命令，如图 9-2 所示。

图 9-1　"转换为位图"对话框

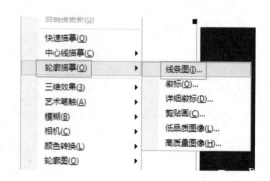

图 9-2　轮廓描摹

（2）在弹出的"PowerTRACE"对话框中根据需求设置各项参数，单击"确定"按钮，如图 9-3 所示。

图 9-3 "PowerTRACE"对话框

（3）完成以上步骤后，位图即可转换为矢量图。

9.2 位图的编辑

1. 位图的裁剪

在 CorelDRAW 中可以对位图进行裁剪操作。

（1）裁剪工具。选中要裁剪的位图，选择"裁剪"工具 ，拖动鼠标绘制一个矩形区域，在区域中双击即可，如图 9-4 所示。这种方法只能裁剪出规则的矩形。

图 9-4 规则裁剪

（2）形状工具。选择工具箱中的"形状"工具，单击导入的位图，此时图像的 4 个边角出现 4 个控制点。如图 9-5 所示，拖动位图边角上的控制节点裁剪图形，也可以在控制边框线上添加、删除或转换节点后再进行编辑。这种方法的优点是能裁剪出有些形状的图，如图 9-6 所示。

图 9-5　选取位图

图 9-6　弧形裁剪

（3）图框精准裁剪。在工具箱中选择"选择"工具或直接按"V"键，选择要置入框内的位图对象，在页面中绘制一个图形作为容器，执行"对象"→"图框精准裁剪"→"置于图文框内部"命令，当光标变成向右的箭头时，单击容器中的对象，图片将自动内置于另一个容器中，图框裁剪过程如图 9-7 所示。

图 9-7　图框精确剪裁过程

提示

要迅速进入图框精准裁剪的编辑状态，也可以使用快捷键"Ctrl+←"，迅速结束图框精确剪裁的编辑状态也可使用快捷键"Ctrl+←"。

2. 位图的选择、倾斜于旋转

使用"选择"工具选中导入的位图可以对其进行多种操作。选中位图拖动鼠标可以改变位图的位置，拖动位图周围的 4 个节点可以改变位图的大小。按住"Shift"键拖动时，位图将以中心点为中心进行大小的缩放，如图 9-8 所示。双击位图可以对位图进行旋转操作或者倾斜操作，如图 9-9 和图 9-10 所示。

图 9-8　缩放操作　　　　图 9-9　旋转操作　　　　图 9-10　倾斜操作

9.3　位图的颜色遮罩

颜色遮罩功能可以运用在各种领域中，大多数网友会选择使用该功能对图片进行抠图。位图颜色遮罩命令可以将旋转的颜色隐藏或显示，一般可用来抠图，这个颜色遮罩功能可以帮助用户只改变选中的颜色而不改变图像中的其他颜色。

选中导入的证件照位图，如图 9-11 所示，执行"位图"→"位图颜色遮罩"命令，弹出"位图颜色遮罩"泊坞窗，选中"隐藏颜色"单选按钮，在下面的颜色列表框中选中第一个颜色条，在列表下面单击"吸管"按钮，在位图中吸取想要遮罩掉的色彩部分。

容差取值为 0～100，容差值为 0 时，只能精确取色，容差值越大，选取的颜色范围就越大，近似色就越多。移动"容差"值滑块到 19，如图 9-12 所示。

图 9-11　选择位图

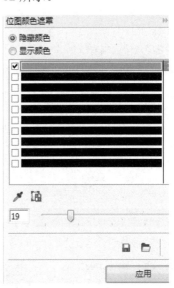

图 9-12　泊坞窗

单击"应用"按钮，即可把选择的色彩变成透明色，如图 9-13 所示。

图 9-13　位图遮罩效果

9.4　位图的滤镜效果

位图滤镜的使用可能是位图处理过程中最具有魅力的操作。因为使用位图滤镜，可以迅速改变位图的外观效果。在"位图"菜单中，CorelDRAW 提供了十大类位图处理滤镜，包括模糊、轮廓图、三维效果、相机、颜色转换、艺术笔触、创造性、鲜明化、杂点和扭曲。每一类滤镜的子菜单中又包含了多个滤镜效果命令。此外，除了可以使用自带的多种不同特性效果的滤镜外，还可以选择第三方厂商出品的滤镜。不同的滤镜具有不同的效果。灵活运用滤镜可以产生丰富多彩的图像效果。

提示

矢量图没有滤镜效果，如果要应用，则只能将矢量图转换为位图。

图 9-14　"模糊"滤镜子菜单

1. 模糊滤镜

CorelDRAW X8 模糊效果的滤镜功能非常强大，使用这些模糊滤镜可以使图片拥有不一样的效果，相对以前的版本而言，CorelDRAW X8 提供了更多的"模糊"滤镜功能，增强了对模糊效果的控制。

选择位图后，执行"位图"→"模糊"命令，即可弹出"模糊"滤镜子菜单，如图 9-14 所示，各滤镜效果如图 9-15 所示（左边为原图，右边为效果图）。

（a）高斯式模糊

（b）锯齿状模糊

（c）低通滤波器

（d）动态模糊

（e）放射式模糊

（f）平滑

（g）柔和

（h）缩放

（i）智能模糊

图 9-15　"模糊"滤镜效果

2．轮廓图滤镜

CorelDRAW X8 软件中的轮廓图滤镜组，可以突出显示和增强图像的边缘，使图片有素描的感觉。该滤镜组共包括边缘检测、查找边缘和描摹轮廓 3 种滤镜效果。

选择位图后，执行"位图"→"轮廓图"命令，即可弹出"轮廓图"滤镜子菜单，如图 9-16 所示，各滤镜效果如图 9-17 所示（左边为原图，右边为效果图）。

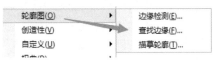

图 9-16　"轮廓图"滤镜子菜单

（a）边缘检测

（b）查找边缘

（c）描摹轮廓

图 9-17　"轮廓图"滤镜效果

3．三维效果滤镜

CorelDRAW X8 三维效果滤镜组可以创建纵深感，使位图图像产生立体的画面旋转透视的效果，使图像看起来更具有生动、逼真的三维视觉效果。在"三维效果"滤镜中有三维旋转、柱面、浮雕、卷页、透视、挤远/挤近、球面共 7 种滤镜命令，如图 9-18 所示。

选择位图后，执行"位图"→"三维效果"命令，即可弹出"三维效果"滤镜子菜单。三维效果可以使选择的位图产生不同类型的立体效果，各滤镜效果如图 9-19 所示（左边为原图，右边为效果图）。

图 9-18　"三维效果"滤镜子菜单

（a）三维旋转

（b）柱面

（c）浮雕

（d）卷页

（e）透视

（f）球面

（g）挤远/挤近

图 9-19　"三维效果"滤镜效果

4．相机滤镜

图 9-20 "相机"滤镜子菜单

CorelDRAW X8 软件中相机效果滤镜组较之以前版本又增添了许多功能，能模拟各种"相机"镜头产生的效果，包括着色、扩散、照片过滤器、棕褐色色调和延时效果，可以让照片回到以前，展示过去流行的摄影风格。

选择位图后，执行"位图"→"相机"命令，即可弹出"相机"滤镜子菜单，如图 9-20 所示，各滤镜效果如图 9-21 所示（左边为原图，右边为效果图）。

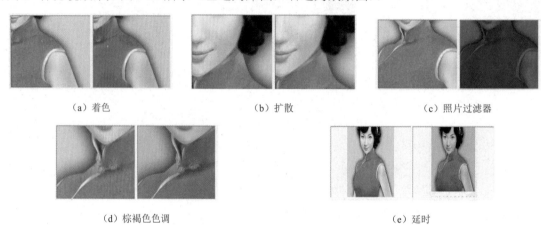

（a）着色　　　　　　　　（b）扩散　　　　　　　　（c）照片过滤器

（d）棕褐色色调　　　　　　　　　　（e）延时

图 9-21 "相机"滤镜效果

5．颜色转换滤镜

CorelDRAW X8 软件中的颜色转换滤镜可以通过减少或替换颜色来创建摄影幻觉效果。其中，包括位平面、半色调、梦幻色调和曝光效果，使用这些滤镜可以使用户的图片产生特殊的视觉效果。

选择位图后，执行"位图"→"颜色转换"命令，即可弹出"颜色转换"滤镜子菜单，如图 9-22 所示，各滤镜效果如图 9-23 所示（左边为原图，右边为效果图）。

图 9-22 "颜色转换"滤镜子菜单

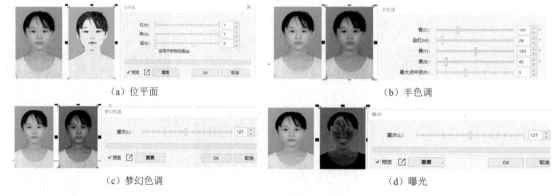

（a）位平面　　　　　　　　　　　　（b）半色调

（c）梦幻色调　　　　　　　　　　　（d）曝光

图 9-23 "颜色转换"滤镜效果

6．艺术笔触滤镜

CorelDRAW X8 的艺术笔触滤镜组可以为位图添加一些手工美术绘画技法的效果，此滤镜中包含了炭笔画、单色蜡笔画、蜡笔画、立体派、印象派、调色刀、彩色蜡笔画、钢笔画、点彩派、木版画、素描、水彩画、水印画和波纹纸画共 14 种特殊的美术表现技法。

选择位图后，执行"位图"→"艺术笔触"命令，即可弹出"艺术笔触"滤镜子菜单，如图 9-24 所示，各滤镜效果如图 9-25 所示（左边为原图，右边为效果图）。

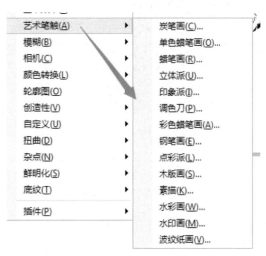

图 9-24　"艺术笔触"滤镜子菜单

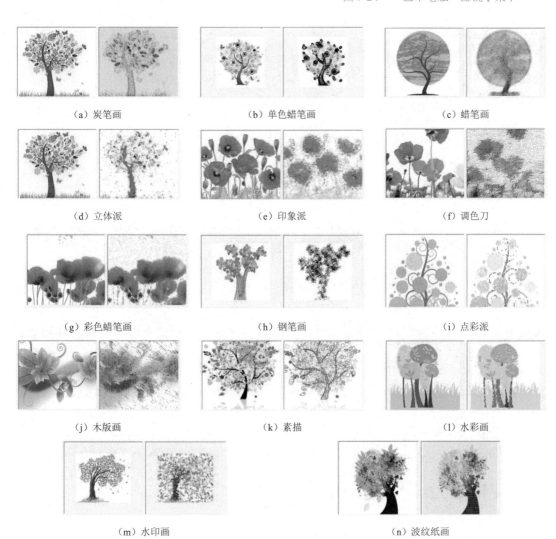

（a）炭笔画　　　　　　　（b）单色蜡笔画　　　　　　　（c）蜡笔画

（d）立体派　　　　　　　（e）印象派　　　　　　　（f）调色刀

（g）彩色蜡笔画　　　　　　　（h）钢笔画　　　　　　　（i）点彩派

（j）木版画　　　　　　　（k）素描　　　　　　　（l）水彩画

（m）水印画　　　　　　　（n）波纹纸画

图 9-25　"艺术笔触"滤镜效果

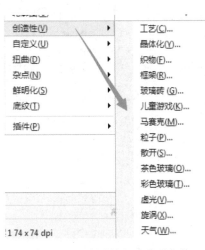

图9-26 "创造性"滤镜子菜单

7. 创造性滤镜

CorelDRAW X8 创造性滤镜组可以为图像添加各种底纹和形状。该滤镜组共包括工艺、晶体化、织物、框架、玻璃砖、儿童游戏、马赛克、粒子、散开、茶色玻璃、彩色玻璃、虚光、漩涡及天气14种滤镜效果。

选择位图后，执行"位图"→"创造性"命令，即可弹出"创造性"滤镜子菜单，如图9-26所示，各滤镜效果如图9-27所示（左边为原图，右边为效果图）。

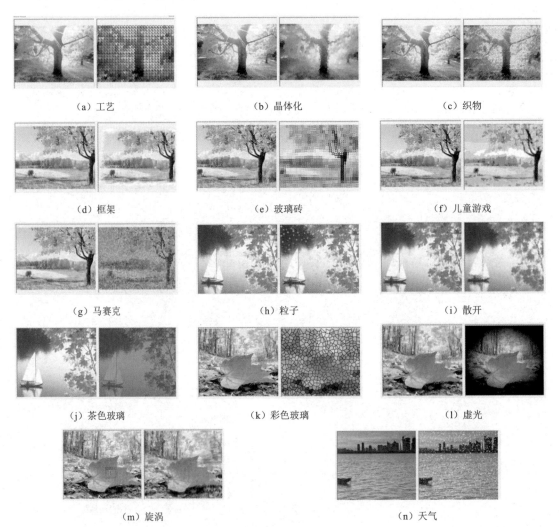

（a）工艺　　　　　　　　（b）晶体化　　　　　　　　（c）织物

（d）框架　　　　　　　　（e）玻璃砖　　　　　　　　（f）儿童游戏

（g）马赛克　　　　　　　（h）粒子　　　　　　　　　（i）散开

（j）茶色玻璃　　　　　　（k）彩色玻璃　　　　　　　（l）虚光

（m）旋涡　　　　　　　　　　　　　　（n）天气

图9-27 "创造性"滤镜效果

8. 鲜明化滤镜

CorelDRAW X8 软件中的鲜明化滤镜组可以改变位图图像中相邻像素的色度、亮度及对比度,从而增强图像的颜色锐度,使图像颜色更加鲜明突出,使图像更加清晰。"鲜明化"滤镜组中包含适应非鲜明化、定向柔化、高通滤波器、鲜明化及非鲜明化遮罩共 5 种滤镜效果。

图 9-28   "鲜明化"滤镜子菜单

选择位图后,执行"位图"→"鲜明化"命令,即可弹出"鲜明化"滤镜子菜单,如图 9-28 所示,各滤镜效果如图 9-29 所示(左边为原图,右边为效果图)。

(a) 非鲜明化

(b) 定向柔化

(c) 高通滤波器

(d) 鲜明化

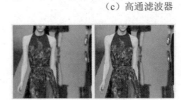

(e) 非鲜明化遮罩

图 9-29   "鲜明化"滤镜效果

9. 杂点滤镜

"杂点"滤镜组可以在位图图像中增加颗粒,使图像画面具有粗糙效果。

选择位图后,执行"位图"→"杂点"命令,即可弹出"杂点"滤镜子菜单,如图 9-30 所示,各滤镜效果如图 9-31 所示(左边为原图,右边为效果图)。

图 9-30   "鲜明化"滤镜子菜单

(a) 添加杂点

(b) 最大值

(c) 中值

(d) 最小

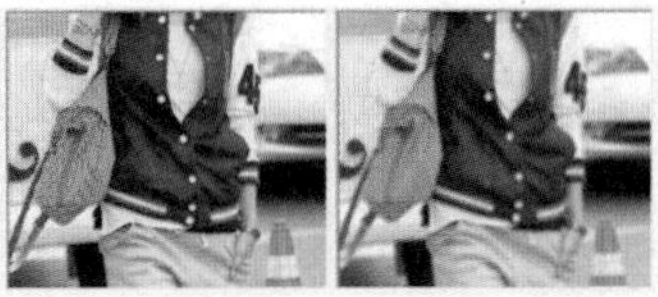

(e) 去除龟纹

(f) 去除杂点

图 9-31   "杂点"滤镜效果

10. 扭曲滤镜

CorelDRAW X8 软件中的扭曲滤镜组可以为图像添加各种扭曲效果，此滤镜组中包含了块状、置换、网孔扭曲、偏移、像素、龟纹、旋涡、平铺、湿笔画、涡流及风吹效果共 11 种扭曲效果。

选择位图后，执行"位图"→"扭曲"命令，即可弹出"扭曲"滤镜子菜单，如图 9-32 所示，各滤镜效果如图 9-33 所示（左边为原图，右边为效果图）。

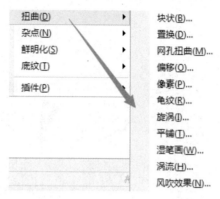

图 9-32 "扭曲"滤镜子菜单

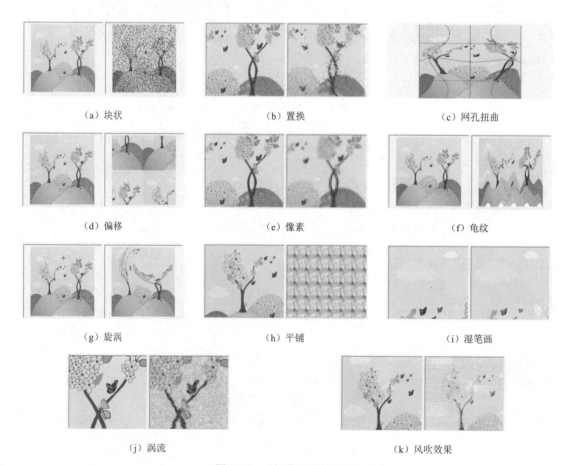

（a）块状 （b）置换 （c）网孔扭曲

（d）偏移 （e）像素 （f）龟纹

（g）旋涡 （h）平铺 （i）湿笔画

（j）涡流 （k）风吹效果

图 9-33 "扭曲"滤镜效果

项目实施

任务 1　制作儿童书籍封面

任务展示

任务分析

制作此封面时，设计者通过对书籍的外在表现形式来传达书籍的内容和对象的精神，以艺术的美丽来吸引读者，调动读者的阅读兴趣。以儿童为中心，在色彩上主要使用暖色调，以比较阳光活泼的橘色为主，背景及插图使用比较有趣的儿童插画进行点缀。

本任务主要应用"矩形"工具、位图与矢量图的相互转换、位图的滤镜效果来制作。

 任务实施

（1）启动 CorelDRAW X8，单击新建按钮新建文档，在属性栏中设置纸张宽度为 620mm，高度为 285 mm。

（2）执行"编辑"→"选项"命令，弹出"选项"对话框，选择左侧的"垂直"选项，在右侧区域中依次输入参数 620、530、320、300、90、0，并单击"添加"按钮，如图 9-34 所示。

（3）执行"编辑"→"选项"命令，弹出"选项"对话框，选择左侧的"页面尺寸"选项，并在右侧设置"出血"为 3，单击"确定"按钮，如图 9-35 所示。

（4）选择"矩形"工具或直接"M"键，绘制一个宽度为 626mm、高度为 291 mm 的矩形，导入素材图片"背景图"，选择位图，执行"对象"→"PowerClip"→"置于图文框内部"命令，当鼠标变成箭头形状时，在矩形框内单击，效果如图 9-36 所示。

（5）绘制书脊部分。绘制一个宽度为 28mm、高度为 95 mm 的矩形去除轮廓并填充为"橘色"，多复制两个依次排放下来，并将中间的矩形填充为"淡黄色"，如图 9-37 所示。

（6）选择"文本"工具**字**或直接按"T"键，单击工具栏中文本的垂直方向图标，将文本更改为垂直方向，输入相应的内容。单击工具栏中的文本属性图标，弹出属性对话框，对字体、字号、颜色及字符间距进行设置，如图 9-38 所示。

图 9-34　垂直参数设置

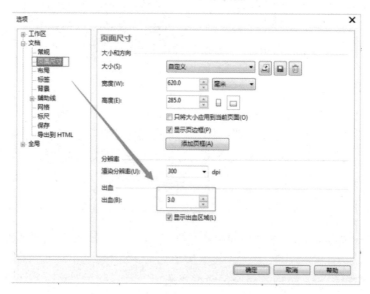

图 9-35　页面尺寸参数设置

图 9-36　书籍封面背景图

图 9-37   书脊矩形的绘制

图 9-38   书脊部分文字内容

（7）复制（Ctrl+C）"儿童乐文学"并拖动到右边，设置字体为"长城大黑体"，字号为"90"。选择"选择"工具 ，或直接按"V"键，选中文字，执行"位图"→"转换为位图"命令，弹出"转换为位图"对话框，在该对话框的"颜色"选项组中选择"RGB 色（24 位）"选项，再同时选中"光滑处理"、"透明背景"复选框，然后单击"确定"按钮，如图 9-39 所示，即可将选中的文字转换为位图图像。

（8）选中转换为位图的文字，执行"位图"→"创造性"→"天气"命令，弹出"天气"对话框，在该对话框中选中"雪"设置雪的"浓度"为 13，"大小"为 7，如图 9-40 所示，单击"确定"按钮，为文字图像添加雪的效果，如图 9-41 所示。

图 9-39   "转换为位图"对话框

（9）执行"位图"→"扭曲"→"风吹效果"命令，弹出"风吹效果"对话框，在该对话框中设置风的"浓度"为"70"，"不透明"为"60"，如图 9-42 所示，单击"确定"按钮，为文字添加风吹的效果。

（10）使用"阴影"工具给文字添加阴影的效果，如图 9-43 所示。

（11）将书脊中"小作家成长丛书"的矩形框及文字复制（Ctrl+C）一次，改变字体的颜色为"白色"，字体为"楷体"，字号为"36"，调整好位置。使用"文本"工具 **字** 或直接按"T"键，输入相应的内容，设置相应字体、字号、颜色及位置，并导入素材"出版社图标"，效果如图 9-44 所示。

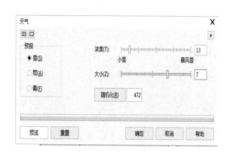

图 9-40 "天气"对话框　　　　　图 9-41 添加"天气"效果图

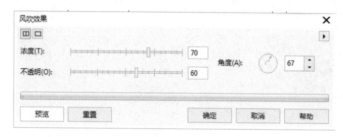

图 9-42 "风吹效果"对话框

图 9-43 "阴影"效果

图 9-44 文本内容

（12）插入条形码。执行"对象"→"插入条形码"命令，弹出"条码向导"对话框，如图 9-45 所示，随机插入不多于 30 位的数字，单击"下一步"按钮，弹出"条码向导"的样本对话框，如图 9-46 所示。

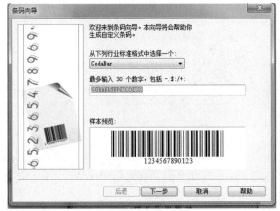

图 9-45 "条形码向导"对话框 图 9-46 "条码向导"的样本对话框

（13）单击"下一步"按钮，弹出"条码向导"的属性对话框，如图 9-47 所示，单击"完成"按钮，完成对条形码进行大小、位置的调整。

（14）制作书籍护封。导入素材图片，调整大小及位置，选择"阴影"工具 □ 添加阴影的效果。选择"2 点线"工具 ✐ 或直接按"\"键，绘制两条平行的直线。选择"文本"工具 字 或直接按"T"键，输入"小作家成长丛书"文字，并复制到左边，效果如图 9-48 所示。

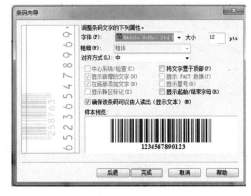

图 9-47 "条形码向导"属性对话框

图 9-48 护封文字效果

（15）选择"文本"工具 字 或直接按"T"键，输入相关的文字，并使用"阴影"工具 □ 给"儿童乐文学"添加"阴影"效果，使用"透明度"工具 ▦ 给右边的文字内容添加"透明"效果，为左边的"成长乐文学"制作无轮廓的矩形边框并填充黄色。最终效果如图 9-49 所示。

图 9-49　儿童书籍封面最终效果图

（16）执行"文件"→"保存"命令或按快捷键"Ctrl+S"，弹出"保存绘图"对话框，选择保存的位置，输入文件名"儿童书籍封面"，保存类型为默认"CDR-CorelDRAW"，单击"保存"按钮，保存设计制作的源文件。

（17）执行"文件"→"导出"命令或按快捷键"Ctrl+E"，导出 JPG 文件，命名为"儿童书籍封面.jpg"。

任务 2　制作汽车杂志目录

任务展示

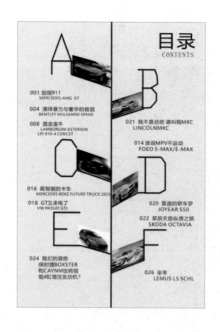

教学视频

任务分析

目录的作用是使读者更方便地了解正文的内容，目录的排版设计很重要。设计者以变形字母与汽车图片进行设计，整体给人的感觉是活泼、易识别，寓意深刻。

本任务主要使用位图的编辑、2 点线工具的使用、位图的颜色遮罩效果等来制作。

任务实施

（1）启动 CorelDRAW X8，单击新建按钮 新建文档，在属性栏中设置"自定义"纸张宽度为 285mm，高度为 420 mm。

（2）执行"编辑"→"选项"命令，在弹出的"选项"对话框中，选择左侧的"垂直"选项，并在右侧区域中输入数值"142.500"并单击"添加"按钮，如图 9-50 所示。

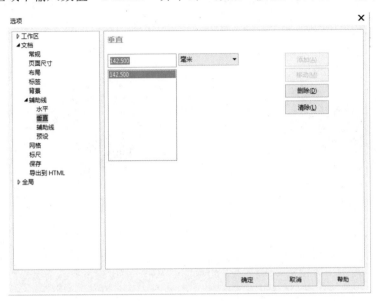

图 9-50　"选项"对话框

（3）选择"2 点直线"工具 或直接按"\"键，沿着辅助线绘制一条直线，直线的轮廓厚度为 2mm，如图 9-51 所示。

（4）使用"多边形"工具 （或直接按"Y"键）与"2 点线"工具 （或直接按"\"键），进行大写字母"A"的绘制，如图 9-52 所示。

图 9-51　直线及轮廓厚度

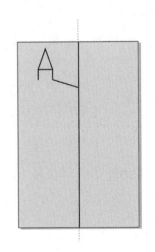

图 9-52　字母 A 形状绘制

（5）选择"矩形"工具 □ 或直接按"M"键，绘制一个无轮廓的矩形框，导入素材图片"1.jpg"，选中导入的素材图片，执行"对象"→"PowerClip"→"置于图文框内部"命令，当鼠标指针变成黑色箭头时，在矩形框内单击，完成图片的置入，效果如图 9-53 所示。

（6）选择"选择"工具 ▶ 或直接按"V"键，选中导入的位图，拖动鼠标可以改变位图的位置，拖动位图周围的 4 个节点可以对位图的大小进行 "缩放"，双击位图可以对位图进行旋转、倾斜操作。将图片编辑并摆放好，效果如图 9-54 所示。

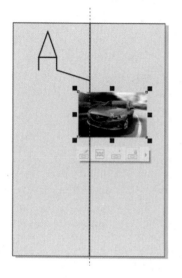
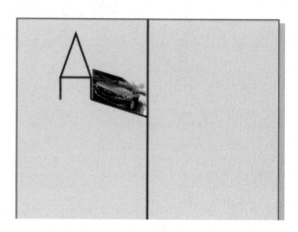

图 9-53　图片置于图文框内部效果　　　　　　　　　图 9-54　编辑好的位图效果

（7）选择"文本"工具 字 或直接按"T"键，输入文字内容，调整好文字大小并调整其位置，效果如图 9-55 所示。

图 9-55　输入的文本内容

（8）利用步骤（4）～步骤（7）制作 B、C、D、E，效果如图 9-56 所示。

（9）执行"文件"→"保存"命令或按快捷键"Ctrl+S"，弹出"保存绘图"对话框，选择保存的位置，输入文件名"汽车杂志目录"，保存类型为默认的"CDR-CorelDRAW"，单击"保存"按钮，保存设计制作的源文件。

（10）执行"文件"→"导出"命令或按快捷键"Ctrl+E"，导出 JPG 文件，命名为"汽车杂志目录.jpg"。

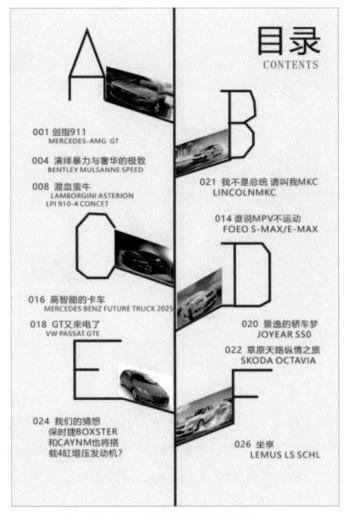

图 9-56　汽车杂志目录最终效果

项目总结

通过完成本项目，读者学习了 CorelDRAW X8 中基本位图与矢量图的相互转换、位图的编辑、位图颜色遮罩、滤镜效果等。本项目制作了一个书籍封面和一个汽车杂志目录，设计师要在设计前做主题、受众心理与审美倾向的分析，明确作品的图形、文字、颜色等所表达与代表的意义、情感和指令行动。同一书籍的封面、封底、目录、正文的设计风格要一致、色彩协调，符合行业排版规范。灵活应用色彩调整和滤镜效果能快速，设计出有创意、具有丰富内涵与艺术感的作品。

拓展练习

（1）（1）制作书籍封面，效果如图 9-57 所示。

图 9-57　秋韵书籍封面

（2）制作杂志目录，效果如图 9-58 所示。

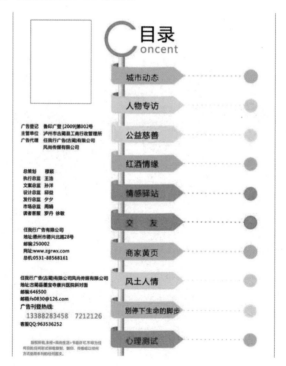

图 9-58　杂志目录

项目 10

综合应用 1——包装设计与制作

项目导读

　　包装（packaging）是品牌理念、产品特性、消费心理的综合反映，它直接影响到消费者的购买欲。一个优秀的包装设计，是包装造型设计、结构设计、装潢设计三者有机地统一，不仅涉及到技术和艺术这两大学术领域，它还在各自领域内涉及许多其它相关学科，在包装设计时，设计构图、商标、图形、文字和色彩的运用得正确、适当、美观，包装上的元素体现产品的特点，包装的效果能足以吸引消费者的眼球，才可称为优秀的设计作品。因此，要掌握包装设计的技法，能精通包装设计，是需要下一番苦功的，要多赏析优秀作品，勤以思考与练习。本项目介绍了包装设计与制作的基本知识，综合应用所学工具和命令制作任务。

学习目标

- 掌握视图模式的使用
- 掌握智能填充工具的使用
- 掌握"网状填充"工具的使用
- 能运用所学工具或命令，制作简单的包装品效果图

项目任务

- 制作光盘包装
- 制作手提袋
- 制作化妆品包装盒

 知识技能

10.1　3 点曲线工具

选择"3 点曲线"工具，在绘图区按住鼠标左键不放，拖动一定距离后，释放鼠标左键，向外单击，即可绘制一条曲线。

10.2　粗糙笔刷工具

"粗糙笔刷"工具是一个基于矢量图形的变形工具。它可以改变矢量图形对象中曲线的平滑度，从而产生粗糙的、锯齿或尖突的边缘变形效果，其属性栏如图 10-1 所示。选择"粗糙笔刷"工具，设置笔尖半径为 50mm，在直线上拖动，直线变成弹簧的效果，如图 10-2 和图 10-3 所示。

图 10-1　"粗糙笔刷"工具属性栏

（1）"笔尖半径"：设置笔尖半径。
（2）"尖突的频率"：通过设定固定值，更改粗糙区域中的尖突频率，数值为 1~10。
（3）"干燥"：更改粗糙区域中尖突的数量。
（4）"笔倾斜"：通过为工具设定固定角度，改变粗糙效果的形状。

图 10-2　直线　　　　　　　　　　　　　　图 10-3　使用粗糙笔刷工具后的效果

10.3　视图模式

为方便用户查看编辑细节或观察整体设计效果，CorelDRAW X8 软件提供了多种预览模式，不同的显示模式会影响图像的显示速度和显示质量，显示质量越好，显示的速度就越慢。

（1）简单线框：只显示绘图的轮廓线，所有图形只显示原始图像的外框，位图以单色显示。使用此模式可快速预览绘图的基本元素。

（2）线框：在简单的线框模式下显示绘图及中间调和形状，显示效果如"简单线框"。

（3）草稿：显示低分辨率的填充和位图。此模式消除了很多细节，能够解决绘图中的颜色均衡问题。

（4）普通：显示图形时不显示 PostScript 填充或高分辨率位图。此模式的打开和刷新速度比"增强"模式要快。

（5）增强：增强视图可以使轮廓形状和文字的显示更加柔和，消除了锯齿边缘。选择"增强"模式时还可以选择"模拟叠印"和"光栅化复合效果"。

（6）像素：显示基于像素的图形，允许用户放大对象的某个区域来更准确地确定对象的位置和大小。该视图模式允许查看导出为位图文件格式的图形。

（7）模拟叠印：在增强模式的基础上，模拟目标图形被设置为套印后的变化，用户可以预览图像套印的效果。

（8）光栅化复合效果：光栅化复合效果显示增强模式中的透明、斜角和阴影，广泛应用于打印预览。为确保成功打印复合效果，大多数打印机需要使用光栅化复合效果。

10.4　智能填充工具

"智能填充"工具 可以为任意的闭合区域填充颜色并设置轮廓。与其他填充工具不同，"智能填充"工具仅填充对象，它检测到区域的边缘并创建一个闭合路径，因此可以填充区域。例如，"智能填充"工具可以检测多个对象相交产生的闭合区域，即可对该区域进行填充。

"智能填充"工具是单一颜色填色，没有渐变色、花纹图案等的填充；也可以设置填充对象的轮廓宽度和颜色，填充效果如图 10-4 和图 10-5 所示。

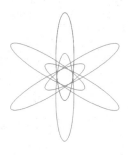

图 10-4　未填充图形

图 10-5　智能填充后

10.5　网状填充工具

"网状填充"工具┼┼可以创建任何方向的平滑颜色过渡，而无须创建调和或轮廓图，做出立体感的填充，产生独特的效果，如图 10-6 和图 10-7 所示。

图 10-6　水滴状

图 10-7　网状填充后

项目实施

任务 1　制作光盘包装

任务展示

教学视频

任务分析

制作此光盘包装时，设计者采用竖向排版绘制了"牙牙学语"儿童光盘外包装效果。在颜色方面，以嫩绿色的主色调为背景，白色、黄色、红色为辅，对比鲜明，突出儿童的活泼和朝气；在版面设计方面，采用图文混排，做到层次分明、重点突出、美观大方。

本任务主要使用"矩形"工具、"椭圆形"工具、"文本"工具、"透明度"工具、"2 点线"工具等，来制作光盘包装平面效果图。

任务实施

（1）启动 CorelDRAW X8，单击新建按钮⬚新建文档，在属性栏中设置纸张为纵向，宽度为 180mm，高度为 320mm。在"视图"菜单中设置视图模式为"增强"。

（2）设置辅助线。执行"工具"→"选项"命令，选择辅助线，将水平辅助线设为 0、140、280、320，如图 10-8 所示，将垂直辅助线设为 0、20、160、180，如图 10-9 所示，设置完成后单击"确认"按钮。

图 10-8　水平辅助线设置

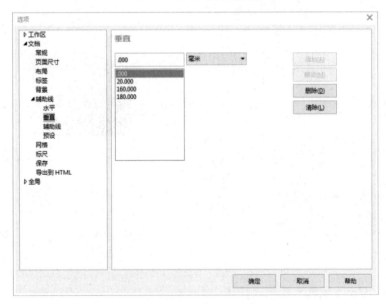

图 10-9　垂直辅助线设置

（3）选择"矩形"工具或按"F6"键，设置贴齐辅助线，依次绘制矩形，效果如图 10-10 所示。

（4）选中 A 矩形，单击属性栏中的转角半径图标，具体参数的设置如图 10-11 所示，效果如图 10-12 所示。

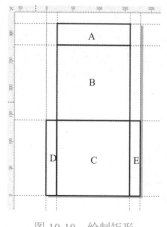

图 10-10　绘制矩形

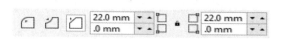

图 10-11　矩形参数设置

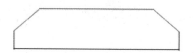

图 10-12　矩形效果图

（5）使用步骤（4）的方法，设置 D、E 两个矩形的倒棱角，转角半径均为 30mm，效果如图 10-13 所示。

（6）选中所有矩形，轮廓线设置为细线，颜色为白色；填充色模式为 CMYK，颜色值设置如图 10-14 所示。

图 10-13　左右矩形效果图

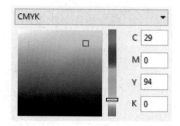

图 10-14　矩形填充色设置

图 10-15　水平镜像后的效果

（7）打开素材"祥云.cdr"，选中祥云，复制并粘贴到 B 矩形的左边，再次执行粘贴操作，得到两个祥云的图形，对第二个祥云图执行水平镜像 🔁 操作，效果如图 10-15 所示。

（8）选择"文本"工具或按"F8"键，设置字体为华文隶书，大小为 48pt，颜色为红色，在祥云图上方输入"牙牙学语"，改变"学"字的颜色为黑色、"语"字的颜色为蓝色；设置字体为华文琥珀，大小为 24pt，颜色为白色，在祥云图下方输入"YAYAXUEYU"，并适当调整字母的间距。

（9）选择"文本"工具，设置字体为楷体，大小为 16pt，颜色为红色，在左边祥云图下方输入"第三册"；设置字体为宋体，大小为 11pt，颜色为黑色，在第三册下方输入"主编：吴宝宝"。

（10）选择"椭圆形"工具或按"F7"键，绘制半径为 15mm 的正圆，设置圆的轮廓线粗细为 0.75mm，颜色为白色，线型为点画线。选择"文本"工具，设置字体为华文隶书，大小为 24pt，颜色为白色，输入"上"，把文字放置于正圆形的中间，并把正圆和"上"字同时选中，右击，在弹出的快捷菜单中执行"组合对象"命令。

（11）选择"标题形状"工具 🔛，在右边祥云图下方绘制宽度为 52mm、高度为 18mm 的形状。"形状"两边使用"智能填充"工具填充白色，中间填充 CMYK 分别为 15、31、91、0 的颜色值。

（12）按"F8"键，设置字体为 Adobe Gothic Std B，大小为 29pt，颜色为白色，在形状上方输入"VCD"；设置字体为黑体，大小为 12pt，颜色为白色，在"形状"下方输入"内含高清视频"。

（13）执行"文件"→"导入"命令或按快捷键"Ctrl+I"，导入素材脚印。调整图片大小，放置于 B 矩形的下方。选择"透明度"工具，选中椭圆形渐变透明度，如图 10-16 所示，设置效果如图 10-17 所示。

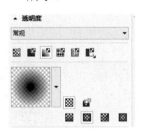

图 10-16　椭圆形渐变透明度

图 10-17　渐变透明设置效果

（14）按"F8"键，设置字体为宋体，大小为 24pt，CMYK 值分别为 12、0、91、0；轮廓为细线，CMYK 值分别为 0、100、100、0；在 C 矩形上方输入"目录"。

（15）按"F8"键，设置字体为宋体，大小为 16pt，颜色为白色，输入文本目录内容。目录内容在素材文件夹中已提供。

（16）对 B 矩形中的"上"组合对象进行复制，并在 C 矩形中进行粘贴，适当调整组合对象的大小，放置在目录的右边，效果如图 10-18 所示。

（17）选中"目录"、目录内容、"上"字组合对象，对三者执行垂直镜像 🖳 操作，如图 10-19 所示。

图 10-18　文字内容

图 10-19　垂直镜像效果

（18）选择"2点线"工具，在C矩形的下方，设置轮廓线为细线，颜色为白色，绘制直线。

（19）执行"文件"→"保存"命令或按快捷键"Ctrl+S"，弹出"保存绘图"对话框，选择保存的位置，输入文件名"牙牙学语"，保存类型为默认的"CDR-CorelDRAW"，单击"保存"按钮，保存设计制作的源文件。

（20）执行"文件"→"导出"命令或按快捷键"Ctrl+E"，导出JPG文件，命名为"牙牙学语.jpg"。

任务2　制作手提袋

 任务展示

教学视频

任务分析

黄金酸奶是一款产自岭南、特别添加水牛奶的酸奶。设计者采用了水牛"哞哞"叫声中拼音的首字母来作为标志，寓意此款酸奶的与众不同。手提袋的色彩鲜明，整体设计简洁大方，能让消费者记忆深刻。

本任务主要使用"3点曲线"工具、"钢笔"工具、"矩形"工具、"轮廓图"工具及渐变填充等来制作。

图10-20　填充后的效果

 任务实施

（1）按快捷键"Ctrl+N"，新建文档，在属性栏中设置"自定义"纸张宽度为300mm，高度为400mm。在"视图"菜单中设置视图模式为"增强"。

（2）按"F6"键，选择"矩形"工具，绘制一个矩形，长163mm，宽127mm，填充蓝色（C89，M63，Y0，K0）、青色（C100，M0，Y0，K0）、蓝色（C89，M63，Y0，K0）的线形渐变，作为手提袋的正面，效果如图10-20所示。

（3）在填充后的矩形右侧绘制一个小矩形，长163mm，宽40mm，填充颜色（C100, M83, Y22, K0），选择"选择"工具，两次单击矩形，当控制点变为斜切‡时，调整矩形的形状，作为手提袋的侧面，效果如图 10-21 所示。

（4）在填充渐变的矩形上方，绘制一个矩形，与上述的调整方法相同，调整矩形形状，轮廓宽度为细线，设置轮廓颜色（C100, M0, Y0, K0），作为手提袋的开口，效果如图 10-22 所示。

图 10-21　绘制左侧矩形

图 10-22　增加上部的矩形

（5）在手提袋侧面矩形上绘制明暗效果。选择"钢笔"工具，在右边的矩形上，绘制一个梯形，并填充颜色（C89, M63, Y0, K0），效果如图 10-23 所示。再选择"钢笔"工具，在右侧下部绘制一个三角形，设置轮廓宽度为细线，设置填充色（C100, M84, Y24, K0），轮廓色为黑色，效果如图 10-24 所示。

图 10-23　绘制梯形

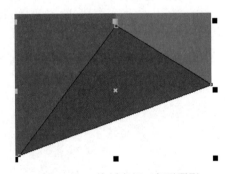

图 10-24　绘制底部三角形阴影

（6）按"F8"键，选择"文本"工具，在手提袋的正面输入"M"，设置为黑体，颜色为白色，如图 10-25 所示；改变字体的高度为原来的一半，并把字母转化为曲线，将左上角、右上角两个控制点向内移动一定的距离，调整大小与形状，效果如图 10-26 所示。

（7）按"F8"键，选择"文本"工具，输入"黄金酸奶"，颜色为白色，轮廓宽度为细线，字号为45pt，颜色为黄色，单击"轮廓图"工具，设置轮廓工具参数："外部轮廓"，步长为"1"，轮廓图偏移量为"2.54"，轮廓色及填充色为"黄色"。选中文字并拖动，完成轮廓字的绘制，调整文字大小与位置，效果如图 10-27 所示。

图 10-25　输入字母

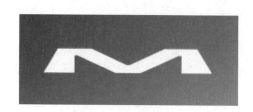

图 10-26　调整后的字母

（8）选择"钢笔"工具，在手提袋下方绘制一条曲线，轮廓宽度为细线，颜色为白色。按"F8"键，选择"文本"工具，输入"特别添加水牛奶"，字体为"华文琥珀"，字号为 20pt，填充颜色为白色，轮廓色为青色；选中文本，执行"文本"→"使文本适合路径"命令，使输入的文本适应曲线路径，选择"形状"工具，调整节点位置，效果如图 10-28 所示。

图 10-27　轮廓字绘制

图 10-28　路径文字

（9）复制上述的曲线并置于下方，设置复制后的曲线为青色，选择"调和"工具，对这两条曲线进行调和，调整步长值，使曲线调和效果自然，将调和后的曲线精确剪裁于手提袋正面的矩形中，效果如图 10-29 所示。

（10）选择"钢笔"工具，在手提袋下方绘制一条闭合的曲线，并填充黄色，效果如图 10-30 所示。

图 10-29　调和曲线

图 10-30　绘制黄色曲线

（11）按"F8"键，选择"文本"工具，输入"滴滴浓醇　口口回香"，设置字体为 Swis721 Blk BT，颜色为白色，大小为 22pt，将文字放置于手提袋右下方。

（12）选择"基本形状"工具，在其中选择水滴形状，绘制一个水滴形状，填充白色；按"M"键，选择"网状填充"工具，设置参数如图 10-31 所示，得到的效果如图 10-32 所示。复制一个水滴形状，改变其大小，效果如图 10-33 所示。

图 10-31　参数设置

图 10-32　填充效果

图 10-33　水滴形状效果

（13）复制正面字母"M"，调整文字大小与位置，放置在手提袋侧面；选择"文字"工具，输入"黄金酸奶"，设置填充色为白色，轮廓色为黄色，放置在侧面矩形中；输入"GOLD YOGHURT"，设置字体为 Broadway，颜色为黄色，大小为 22pt，垂直放置，调整文字大小与位置，效果如图 10-34 所示。

（14）选择"3 点曲线"工具，按住鼠标左键不放，拖动到手提绳两点的宽度位置，释放鼠标左键，移动鼠标到手提绳合适的高度处单击，设置填充轮廓宽度为 2mm，填充颜色（C47，M41，Y38，K0），得到如图 10-35 所示的效果。

图 10-34　手提袋右侧文字效果

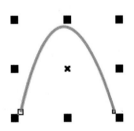

图 10-35　手提绳

（15）复制绘制好的手提绳，调整手提绳的位置，调整所绘制的文字与曲线的位置及大小，完成手提袋效果图制作，如图 10-36 所示。

图 10-36　手提袋效果图

（16）单击"文件"→"保存"命令或按快捷键"Ctrl+S"，弹出"保存绘图"对话框，选择保存的位置，输入文件名"手提袋"，保存类型为默认的"CDR-CorelDRAW"，单击"保存"

按钮，保存设计制作的源文件。

（17）执行"文件"→"导出"命令或按快捷键"Ctrl+E"，导出 JPG 文件，命名为"手提袋.jpg"。

任务 3　制作化妆品包装盒

任务展示

教学视频

任务分析

雪肌水感透白雪颜亮肤液是一款深受女性消费者喜爱的护肤品。该产品含草本配方，外包装以青花瓷中的青色为主色调，配合简单花瓣线条，展现古典、大气之风，特别能吸引消费者的关注。

本任务主要使用"透明度"工具、"钢笔"工具、"矩形"工具、"基本形状"工具及"变换"泊坞窗等来制作。

任务实施

（1）启动 CorelDRAW X8，按快捷键"Ctrl+N"新建文档，在属性栏中设置"自定义"纸张宽度为 160mm，高度为 180mm。

（2）设置辅助线。执行"工具"→"选项"命令，选择辅助线，将水平辅助线设为 5、15、45、135、165、175、180，将垂直辅助线设为 5、15、55、85、125、155、160。

（3）选择"矩形"工具或按"F6"键，设置贴齐辅助线，依次绘制矩形，并设置部分矩形的转角半径为 15mm，填充白色，效果如图 10-37 所示。

（4）选中水平方向第 2 个矩形，执行复制操作，改变矩形为 38mm×88mm，设置其转角半径为 2mm，填充颜色（C98, M78, Y0, K0），如图 10-38 所示。

（5）选择"2 点线"工具，绘制一条直线，轮廓宽度为 0.95mm，颜色值为（C98, M78, Y0, K0）；再使用"2 点线"工具在直线的上方绘制一条斜线，轮廓宽度和颜色与第一条绘制的直线一样，并复制 3 条，调整好位置，如图 10-39 所示。选中所绘制的线条，按快捷键"Ctrl+G"进行组合；调整组合后对象的中心到最左端，设置"变换"泊坞窗参数，如图 10-40 所示；

得到的雪花效果如图 10-41 所示。

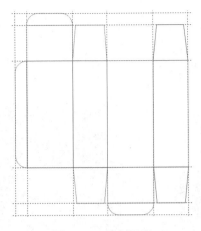

图 10-37　绘制矩形

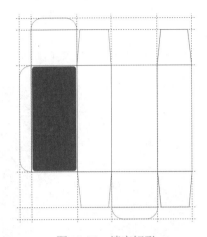

图 10-38　填充矩形

图 10-39　直线图

图 10-40　"变换"泊坞窗参数

图 10-41　雪花

（6）按"F7"键，选择"椭圆形"工具，单击属性栏中的"弧"按钮，角度设置为 
，调整圆弧的中心，如图 10-42 所示；使用上述方法复制得到闭合
圆弧效果，如图 10-43 所示。将雪花形状放置在圆弧内，如图 10-44 所示。完成雪肌标志
的绘制。

图 10-42　弧

图 10-43　圆弧

图 10-44　雪肌标志

（7）把标志放置在包装盒内；复制一个雪肌标志，改变轮廓颜色为白色，放置在盒子内，
效果如图 10-45 所示。

（8）按"F8"键，选择"文本"工具，在白色标志上输入"雪肌"、"水感透白雪颜亮肤液
瓷感透白 饱满丰盈"；"雪肌"字体设置为方正姚体，字号为 23pt，颜色为白色；"水感透白雪

颜亮肤液"字体设置为宋体，字号为 8pt，颜色为白色；"瓷感透白 饱满丰盈"字体设置为宋体，字号为4pt，颜色为白色，效果如图 10-46 所示。

（9）选择"钢笔"工具，绘制一个不规则图形，填充红色；按"F8"键，选择"文本"工具，在图形上方输入"草本"，并调整文本在图形中的位置，效果如图 10-47 所示。

图 10-45　复制标志

图 10-46　文本

图 10-47　草本标志

（10）按"F7"键，选择"椭圆形"工具，以参考线的中心为圆心，绘制一个正圆；选择"2 点线"工具，绘制一条直线，轮廓宽度为细线，颜色为（C98，M78，Y0，K0）；调整直线的中心点到最左边，使用"变换"泊坞窗，复制旋转 30 度，得到另一条直线，在两条直线之间，选择"钢笔"工具，绘制一段圆弧，效果如图 10-48 所示。

（11）删除圆，对剩下的形状填充白色；复制一个完成的形状，将其缩小，填充颜色（C98，M78，Y0，K0）；单击"基本形状"工具，在其中选择水滴形状，绘制一个水滴形状，填充白色，调整小水滴的大小及位置，对所绘制的图形执行组合操作，效果如图 10-49 所示。

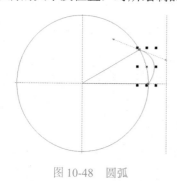

图 10-48　圆弧

图 10-49　添加小水滴形状后

（12）调整组合后对象的中心点到圆点位置，使用"变换"泊坞窗，参数设置如图 10-50 所示；得到花瓣 1，效果如图 10-51 所示。

（13）选择"基本形状"工具，在其中选择水滴形状，绘制一个水滴形状，设置轮廓颜色为白色，填充颜色（C98，M78，Y0，K0），调整小水滴位置；复制一个做好的水滴形状，将其缩小，对所绘制的图形执行组合操作，效果如图 10-52 所示。

（14）调整组合后对象的中心点到参考线交叉位置，使用"变换"泊坞窗，方法如步骤（12），得到的效果如图 10-53 所示。在水滴内部绘制一个正圆，设置轮廓颜色为白色；复制一个正圆，将其缩小，得到花瓣 2，效果如图 10-54 所示。

图 10-50 参数设置

图 10-51 花瓣 1

图 10-52 水滴

图 10-53 小水滴花瓣

图 10-54 花瓣 2

小技巧

多个图形进行组合，可以简化后续的操作，修改时也很方便。

（15）把花瓣 1 和 2 放置在包装盒矩形下方；复制花瓣 1 和 2，调整其大小，如图 10-55 所示。

（16）按快捷键"Ctrl+I"，导入素材"线条.cdr"，改变线条为白色，调整线条在包装盒左边的位置；复制调整好的线条，放置在另一边，将所有花瓣和线条组合成"装饰 1"，效果如图 10-56 所示。

图 10-55 花瓣 1 和 2

图 10-56 添加线条

（17）使用步骤（4）的方法，依次绘制出包装盒内部的矩形，效果如图 10-57 所示。

（18）选中水平方向第 4 个矩形，复制 3 个"装饰 1"到矩形中，调整位置，如图 10-58 所示。

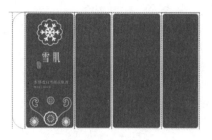

图 10-57　绘制矩形

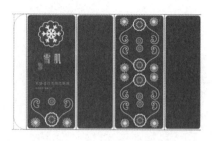

图 10-58　添加装饰

（19）选择"文本"工具，在水平方向第 3 个矩形内输入"[成分]去离子水、甘油、霍霍巴油、维生素 E、透明质酸、木瓜果提取物等。"，字体设置为楷体，字号为 6pt，颜色为白色；再输入"[产品功效]能使皮肤瓷感透白饱满丰盈，温和低敏，有效改善肌肤暗沉，使肌肤更光滑白皙，富含多种维生素，可帮助肌肤缔造净白通透的质感。"，字体设置为楷体，字号为 5pt，颜色为白色；再输入"净含量：100 ml"，字体设置为方正姚体，字号为 8pt，颜色为白色，效果如图 10-59 所示。

（20）使用相同的方法，在水平方向第 5 个矩形内输入"[使用方法]洁肤/调理后，取适量本品均匀涂于面部，轻柔按摩至吸收即可。"、"[注意事项]根据产品使用说明正确使用化妆品，如使用后出现红肿、瘙痒等过敏现象的话，应立即停用产品，并用清水清洗干净，如果皮肤不适症状在停用产品后仍然没有改善，甚至越来越严重，请及时去医院就医。"、"出品：广州雪肌化妆品有限公司　执行标准：QB/T 1857　生产批号及使用日期（年/月/日）见标示　保持期：三年　合格品　产地：广东广州"，并调整字体和字号，效果如图 10-60 所示。

（21）执行"对象"→"插入条形"命令，输入条形码字符"69306201750552"，把条形码放置在包装盒下方，效果如图 10-61 所示。至此，包装盒的平面展开效果完成。

图 10-59　输入并设置文字

图 10-60　矩形 5

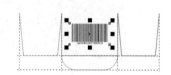

图 10-61　条形码

（22）选中包装盒的 3 个面，调整上边和右边矩形的大小，对矩形进行斜切，得到包装盒的立体效果，如图 10-62 所示。

（23）组合立体图正面上的对象，复制组合后的对象，并执行垂直镜像，调整矩形的位置，设置渐变透明度，得到正面的倒影效果，如图 10-63 所示。

（24）使用相同的方法，制作侧面的倒影效果，最终效果如图 10-64 所示。

图 10-62　立体包装　　　　　图 10-63　添加倒影　　　　图 10-64　立体倒影效果

（25）执行"文件"→"保存"命令或按快捷键"Ctrl+S"，弹出"保存绘图"对话框，选择保存的位置，输入文件名"雪肌包装盒"，保存类型为默认的"CDR-CorelDRAW"，单击"保存"按钮，保存设计制作的源文件。

（26）执行"文件"→"导出"命令或按快捷键"Ctrl+E"，导出 JPG 文件，命名为"雪肌包装盒.jpg"。

项目总结

在包装设计前，设计者要做好充分的调查与分析，要使包装上的元素能够体现产品的特点，让消费者产生消费的心理，作品的尺寸设计要符合产品的尺寸及包装品制作工艺要求，这些都需要设计者有着认真严谨、精益求精的工作态度，才能成为优秀的包装设计师。

本项学习了包装的基础知识，包装制作主要使用基本图形绘制、图形编辑、图文混排等相关的工具及命令，提升读者的作品绘制与编辑能力。

拓展练习

（1）自定主题，设计一个光盘包装。

（2）制作手提袋，如图 10-65 所示。

图 10-65　手提袋效果图

（3）制作月饼盒，效果如图10-66所示。

图10-66　中秋月饼包装设计

项目 11

综合应用 2——VI 系统设计与制作

项目导读

　　VI（Visual Identity）通译为视觉识别，是企业形象识别系统（Corporate Identity System，CIS）中最具传播力和感染力的部分。设计科学、实施有利的视觉识别，是传播企业经营理念、建立企业知名度、塑造企业形象的快速便捷之途，传播了企业经营理念，塑造了公司的良好形象，作品风格要一致、美观大方。

　　本项目通过制作风火物流有限公司的 VI，介绍了企业 VI 设计的基础知识。VI 一般包括基础部分和应用部分两大内容。其中，基础部分一般包括企业的名称、标志、标识、标准字体、标准色、辅助图形、标准印刷字体和禁用规则等；而应用部分则一般包括标牌旗帜、办公用品、公关用品、环境设计、办公服装和专用车辆等。在项目分析与实施中，要关注培养学生认真细致、精益求精、系统化思维的良好职业素质和工匠精神。

学习目标

- 掌握 VI 设计的要素
- 掌握 VI 设计的基本原则
- 能根据企业特点及需求，设计企业 VI

项目任务

- 绘制风火物流有限公司 VI 基础部分，包括企业的名称、标志、标识、标准字体、标准色等
- 绘制风火物流有限公司 VI 应用部分，包括名片、胸牌、信封、信纸、水杯、扇子等

知识技能

11.1　度量工具

1. 平行度量工具

选择"平行度量"工具 ，在物体一点上按住鼠标左键，拖动至另一点并单击，即可绘制倾斜的度量线。其属性栏如图 11-1 所示。

图 11-1　"平行度量"工具属性栏

（1）"度量样式"：选择度量线的样式。
（2）"度量精度"：选择度量线测量的精确度。
（3）"度量单位"：选择度量线测量的单位。
（4）"显示单位"：在度量线文本中显示测量单位。
（5）"显示前导零"：当值小于 1 时，在度量线测量中显示前导零。
（6）"文本位置"：依照度量线定位度量线文本。
（7）"延伸线选项"：自定义度量线上的延伸线。

2. 水平或垂直度量工具

"水平或垂直度量"工具可以绘制水平或垂直的度量线，与"平行度量"工具的用法相似。

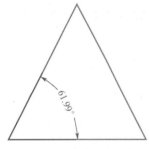

图 11-2　绘制角度量线

3. 角度量工具

使用"角度量"工具可以轻松绘制角度量线。例如，选择"角度量"工具，在三角形的一角上单击，按住鼠标左键沿着三角形的边拖动到一定的位置，释放鼠标左键，在角的另一边单击，即可绘制角的度量线，效果如图 11-2 所示。

4. 线段度量工具

"线段度量"工具用于显示单条或多条线段上结束节点间的距离。与"水平或垂直度量"工具和"平行度量"工具相比，它只能对线段进行度量，线段以外的对象均不能使用。

5. 3 点标注工具

选择"3 点标注"工具，在需要标注的图形中单击，接着拖动标注线到图形外单击，然后输入标注的文字，即可完成标注。其属性栏如图 11-3 所示。

图 11-3　"3 点标注"工具属性栏

（1）"标注形状"：选择标注文本的形状，如方形、圆形或三角形。

（2）"间隙"：设置文本和标注形状之间的距离。

（3）"轮廓宽度" ：设置对象的轮廓宽度。

（4）"起始箭头"：在线条起始端添加箭头。

（5）"线条样式"：选择线条或轮廓样式。

11.2　连接器工具

1. 直线连接器工具

选择"直线连接器"工具 ，在绘图区从一个图形出发按住鼠标左键，拖动至另一个图形，释放鼠标左键，在两个图形之间建立直线连接。其中一个图形位置改变，连接线也会随着图形改变位置，其属性栏如图 11-4 所示。

图 11-4　"直线连接器"工具属性栏

（1）"轮廓宽度" ：设置对象的轮廓宽度。

（2）"起始箭头"：在线条起始端添加箭头。

（3）"线条样式"：选择线条或轮廓样式。

（4）"终止箭头"：在线条终止端添加箭头。

2. 直角连接器工具

选择"直角连接器"工具 ，在绘图区从一个图形出发按住鼠标左键，拖动至另一个图形释放鼠标左键，在两个图形之间建立直角连接。其中一个图形位置改变，连接线也会随着图形改变位置，其属性栏如图 11-5 所示。此选项大多与直线连接器相同，这里仅对不同的选项加以说明。

图 11-5　"直角连接器"工具属性栏

"圆形直角" ：调整直角连线的圆形。当该值为 0 时，变成直角。

3. 圆直角连接符工具

选择"圆直角连接符"工具 ，在绘图区可以绘制两个图形的圆直角连接。其用法与"直线连接器"工具相似。绘图效果如图 11-6 所示。

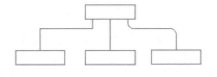

图 11-6　连接器工具绘制图

项目实施

任务 1　制作 VI 基础部分

 任务展示

标准中文字体
风火物流有限公司
风火物流有限公司

风火物流有限公司
Wind Fire Logistics Ltd

风火物流有限公司
Wind Fire Logistics Ltd

 风火物流有限公司
Wind Fire Logistics Ltd

 风火物流有限公司
Wind Fire Logistics Ltd

教学视频

 任务分析

　　制作公司名片时，设计者应根据公司的名称和特点，设计出公司的标志，此标志类似风火轮的形状，形容物流的速度如风一样的快速；以红色为标志的主色调，具有活力、辉煌和奋发向上的意思，代表公司红红火火的发展前景；以白色、橙色为辅，绘制出辅助图形，可以在不同场合中使用。在此套 VI 中，采用的是统一模板，在模板上下位置处放置公司的标志和填充公司主色调，每页的右下角放置页码标识，所有的图形都放置在中间，整体构图和谐，画面简洁大方。

　　本任务主要使用"星形"工具、"变形"工具、"文本"工具、"钢笔"工具等来制作。

 任务实施

　　1. 制作企业标志

　　（1）启动 CorelDRAW X8，按快捷键"Ctrl+N"新建文档，在属性栏中设置纸张为纵向，纸张大小为 A4。

　　（2）选择"星形"工具，在属性栏中设置星形的边数为 8，锐度为 50，参数设置如图 11-7 所示；按住"Ctrl"键，绘制一个正星形，效果如图 11-8 所示。

图 11-7　绘制星形参数设置

（3）选择"变形"工具，在属性栏中设置星形调和为扭曲变形，逆时针旋转，完整旋转 1 次，相关设置如图 11-9 所示，调和后的效果如图 11-10 所示。

图 11-8　绘制星形效果

图 11-9　星形调和设置

（4）为制作完成的标志填充一个标准的红色色值（C0, M100, Y100, K0），轮廓宽度为无，在标志下方输入"风火物流有限公司"的文字，字体为"宋体"，并且给予它与标志相同的颜色；再输入字母"WF"，字体为"Algerian"，颜色为白色，把它放置在标志的中间，得到一个完整的标志。最终效果如图 11-11 所示。

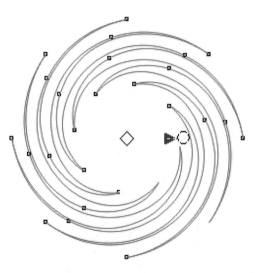

图 11-10　调和后效果

图 11-11　物流公司标志

2. 制作 VI 模板

（1）按快捷键"Ctrl+N"新建文档，在属性栏中设置纸张为纵向，纸张大小为 A4。按"F6"键，绘制一个与页面同等大小的矩形，并且填充白色，轮廓宽度为无，锁定白色矩形。

（2）按"F6"键，设置贴齐页面，在页面上方绘制一个 210mm×30mm 的矩形，填充红色，轮廓宽度为无。选择"钢笔"工具，在矩形右侧绘制一个不规则的形状，并填充色值（C0, M19, Y44, K0）；轮廓宽度为细线，颜色与填充色一致。在矩形右侧放置公司标志，调整标志的大小，并改变标志的填充色为白色，效果如图 11-12 所示。

图 11-12　模板上方效果

（3）复制完成的矩形，并放置在页面的下方，执行水平翻转操作。把公司标志删除，在红色矩形中输入公司的名称"风火物流有限公司"，效果如图 11-13 所示。模板页面整体效果如图 11-14 所示。

图 11-13　模板下方效果

图 11-14　模板页面效果

3．制作标志线稿

（1）在模板页面标签处右击，在其快捷菜单中执行"再制页面"命令，得到页面 2，重命名页面为"标志线稿"。

（2）按"D"键，选择"图纸"工具，绘制一个行数列数均为 10 的网格，把制作好的企业标志放置在网格中间位置，把标志和文字改变为只有轮廓而没有填充色的线稿形式，效果如图 11-15 所示。

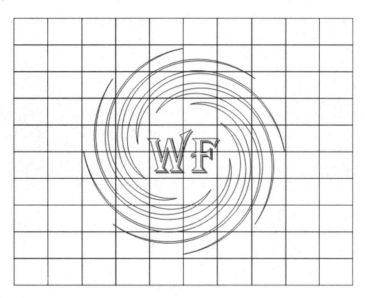

图 11-15　标志线稿

4．制作标志的中文标准字体和中英文组合体

（1）在模板页面标签处右击，在其快捷菜单中执行"再制页面"命令，得到页面 3，重命名页面为"标准字体"。

（2）按"F8"键，选择"文本"工具，在页面中输入"标准中文字体"文字作为引导文字。

（3）同样，再次输入"风火物流有限公司"文字，并且选择字体为"宋体"，作为公司的标准字体，如图 11-16 所示。

（4）但是，只有一种标准字体是不够用的，所以这里规定了两种。复制刚才的文字，把字体更改为"隶书"，如图 11-17 所示。

风火物流有限公司

风火物流有限公司

风火物流有限公司

图 11-16　文字样式　　　　　　　　　　图 11-17　文字样式

（5）把刚才的文字复制一份，制作文字的线稿，方法与标志的线稿制作方法相同，得到的效果如图 11-18 所示。

（6）复制标志，按"F8"键，选择"文本"工具，输入文字"风火物流有限公司"，在其下方输入公司的英文名称，调整其位置和大小，完成后效果如图 11-19 所示。

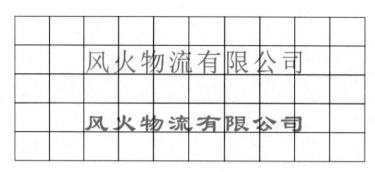

图 11-18　文字线稿

图 11-19　中英文上下组合体

（7）复制标志，在标志右方使用"钢笔"工具绘制一条与标志等长的线段，并且更改颜色为红色，在线段右边输入文字"风火物流有限公司"，在其下方输入公司的英文名称，调整其位置和大小，完成后效果如图 11-20 所示。

图 11-20　中英文左右组合体

（8）利用"水平或垂直度量"工具，对标志与中英文组合体绘制度量线，完成后的效果如图 11-21 所示。

图 11-21　中英文组合体度量

5．制作配色方案

（1）在模板页面标签处右击，在其快捷菜单中执行"再制页面"命令，得到页面 4，重命名页面为"配色方案"。

（2）按"F6"键，绘制一个矩形，填充白色，把标志和中英文组合放置在矩形中间，得到一个标准配色方案；复制一次标准配色，改变矩形的填充色为红色，把标志和字体的颜色改变为白色，如图 11-22 所示。

（3）复制一次标准配色，改变矩形的填充色值为（C0，M19，Y44，K0），把标志填充色值改变为（C0，M60，Y100，K0），字体的颜色改变为红色，得到一个辅助配色方案；再复制一次辅助配色方案，改变标志填充色为白色，如图 11-23 所示。

图 11-22　标准配色方案　　　　　　　　图 11-23　辅助配色方案

任务 2　制作 VI 应用部分

任务展示

教学视频

任务分析

完成此任务时，设计者从公司的业务角度出发，设计了证件类、办公类、服装类、大众传播类等要素，包括名片、胸牌、信封、信纸、水杯、扇子、服饰、运输车等。

本任务制作时主要使用"矩形"工具、"调和"工具、"钢笔"工具、"椭圆形"工具及置于图文框内部等工具和命令。

 任务实施

1. 制作名片和胸牌

（1）在模板页面标签处右击，在其快捷菜单中执行"再制页面"命令，得到页面4，重命名页面为"名片和胸牌"。

（2）按"F6"键，在页面中绘制一个 91mm×55mm 的矩形，设置转角半径为1，得到一个标准名片的外轮廓后，填充白色，把公司标志放置在名片左侧；选择"钢笔"工具，在标志的右侧绘制一条纵向红色的单线；按"F8"键，输入文字"陈风　总经理　风火物流有限公司"、"Tel：(028)65783××　Fax：(028)65793××　www.windfire.com.cn"，完成名片正面的制作，如图 11-24 所示。

（3）使用相同的方法绘制一个矩形，作为名片的反面；在名片反面的下方再绘制一个与名片等宽的小矩形，设置小矩形下边的转角半径为1，填充红色。按"F8"键，输入文字"经营范围：国际货运代理；货物进出口（专营专控商品除外）；跨省快递业务；国际快递业务；道路货物运输；省内快递业务等。"，在红色的矩形中输入文字"欢迎您的接洽！"，完成名片反面的制作，如图 11-25 所示。

图 11-24　名片正面　　　　　　　　　　　　图 11-25　名片反面

（4）按"F6"键，在页面上方绘制一个 60mm×21mm 的矩形，填充红色，轮廓宽度为无。选择"钢笔"工具，在矩形左侧绘制一个不规则的形状，并填充色值（C0, M19, Y44, K0）；轮廓宽度为细线，颜色与填充色一致。在矩形左侧放置公司标志，调整标志的大小，并改变标志的填充色为白色，如图 11-26 所示。

（5）按"F8"键，输入文字"陈风　总经理"，在矩形胸牌上使用"阴影"工具，使其产生阴影效果，效果如图 11-27 所示。

图 11-26 胸牌矩形

图 11-27 胸牌

2. 制作信封和信纸

（1）按"F6"键，在页面中绘制一个 176mm×71mm 的矩形，得到一个标准信封的外轮廓后，填充白色，把公司标志及中英文组合放置在信封的右下方，选择"钢笔"工具，在信封上绘制一条直线，并复制三次，作为书写文字使用，如图 11-28 所示。

（2）按"F6"键，在页面左上角绘制一个小矩形，复制出 5 个，作为书写邮政编码处；再复制完成 6 个小矩形，放置到信封的右下角处；使用相同的方法，绘制粘贴邮票处，效果如图 11-29 所示。

图 11-28 矩形和标志组合

图 11-29 最终效果

（3）按"F6"键，在页面上绘制一个矩形，作为信纸。使用绘制模板的方法，制作信纸的装饰部分，并放置公司的标志和中英文组合。选择"钢笔"工具，在信纸上绘制一条直线，复制一条直线并放置在信纸的下方；选择"调和"工具，在两条直线中创建多条直线；在信纸的最后，输入文字"第 页"，效果如图 11-30 所示。

3. 制作水杯

（1）按"F6"键，在页面中绘制一个 47mm×58mm 的矩形，填充白色。选中矩形并右击，在快捷菜单中执行"转化为曲线"，调整矩形下方的两个直角向内收，效果如图 11-31 所示。

（2）按"F6"键，绘制一个 51mm×6mm 的矩形，填充红色；在矩形左侧绘制不规则图形，并填充色值（C0，M19，Y44，K0），将矩形和不规则图形群组。

（3）对群组后的对象执行"对象"→"PowerClip"→"置于图文框内部"命令，将其置于水杯体内。在水杯上方放置公司标志，如图 11-32 所示。

图 11-30 信纸效果

（4）按"F7"键，在水杯上方绘制一个与水杯口大小一样的椭圆形，并填充线性渐变，如图 11-33 所示。

（5）复制一个完成的水杯，适当旋转其位置，得到两个水杯的最终效果，如图 11-34 所示。

图 11-31　矩形转化后　　图 11-32　置于图文框内　　图 11-33　水杯　　　　图 11-34　最终效果

4．制作扇子

（1）按"F7"键，在页面中绘制一个水平居中的椭圆形，并将其转换成曲线，如图 11-35 所示。

（2）按"F10"键，选择"形状"工具，向上调整左右节点以改变椭圆形的形状，如图 11-36 所示。为调整后的形状填充红色，如图 11-37 所示。

图 11-35　椭圆形　　　　　图 11-36　椭圆形改变后的形状　　　　图 11-37　填充后的效果

（3）按"F7"键，在扇子下方绘制一个填充为白色的椭圆形，如图 11-38 所示。选择两个椭圆形，执行相交命令，得到的效果如图 11-39 所示。

（4）按"F6"键，在扇子下方绘制一个填充为红色的矩形，并将其转换成曲线，把矩形下方的左右节点向外移动并调整下方矩形的边为弧形，得到扇子的把手，如图 11-40 所示。

图 11-38　绘制白色椭圆形　　　　图 11-39　相交后　　　　　图 11-40　扇子的把手

（5）复制 3 个公司的标志，放置到扇子中，并调整标志的大小；对最大的标志，执行"对象"→"PowerClip"→"置于图文框内部"命令；在把手的位置绘制一个填充为白色的小正圆，得到最终的扇子效果，如图 11-41 所示。

（6）复制一次完成的扇子，改变扇子的配色，效果如图 11-42 所示。

图 11-41　红色扇子

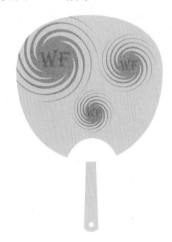

图 11-42　橙色扇子

5．制作太阳伞

（1）在页面中分别拖动出一条水平、一条垂直参考线，按"F7"键，同时按住键盘上的"Ctrl"键和"Shift"键，绘制一个以参考线交点为圆心的正圆，如图 11-43 所示。

（2）选择"钢笔"工具，在圆上绘制一条从圆心到圆的垂直直线，并以圆心为中心，逆时针使直线旋转 15 度；再复制直线，并顺时针旋转 30 度；选择"钢笔"工具，在两条直线上绘制一条直线，得到一个闭合的三角形，如图 11-44 所示。

（3）删除圆形。按"F6"键，在三角形的上方绘制一个矩形，并设置矩形上边的转角半径为 2mm，如图 11-45 所示。

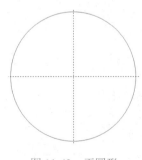

图 11-43　正圆形

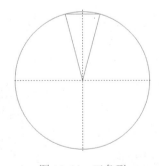

图 11-44　三角形

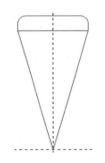

图 11-45　绘制矩形后

（4）选择"智能填充"工具，填充三角形为红色，为矩形填充颜色（C0, M19, YL44, K0），设置轮廓宽度为无，把公司标志复制到三角形中，如图 11-46 所示。

（5）同时选中完成的对象，执行"窗口"→"泊坞窗"→"变换"→"旋转"命令；变换的参数设置如图 11-47 所示。变换后，改变太阳伞上三角形的颜色，只保留红色三角形上的标志，得到的效果如图 11-48 所示。

图 11-46　填充后

图 11-47　变换参数设置

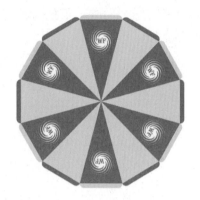

图 11-48　太阳伞顶视图

小技巧

在绘制图形时，用辅助参考线，可以绘制出精确的图形。

（6）按"F7"键，绘制一个椭圆形，填充颜色（C0, M19, Y44, K0）；按"F6"键，在椭圆形的下方绘制一个矩形；选中两个图形，单击"移去前面对象"按钮，得到的效果如图 11-49 所示。

（7）按"F6"键，在半椭圆形的下方绘制 3 个矩形，设置矩形下边的转角半径为 3mm，并填充颜色，效果如图 11-50 所示。

图 11-49　移去后

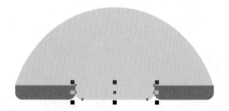

图 11-50　绘制 3 个矩形后

（8）选择"钢笔"工具，在中间矩形上方绘制图形，如图 11-51 所示。填充红色，放置公司标志在其中，如图 11-52 所示。

图 11-51　绘制图形

图 11-52　填充并放标志后

（9）按"F6"键，绘制一个矩形，用于支撑太阳伞，轮廓为宽度 20%黑的细线，执行渐变填充，如图 11-53 所示。

（10）调整矩形对象在太阳伞上的位置，如图 11-54 所示。

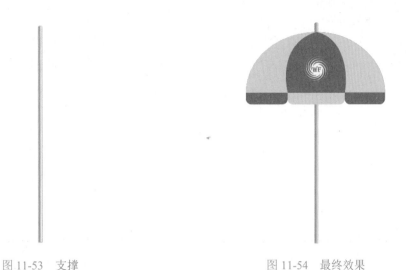

图 11-53   支撑   图 11-54   最终效果

6．制作户外灯箱广告

（1）按"F6"键，绘制一个矩形，填充 40%黑色作为灯箱广告牌的底座，效果如图 11-55 所示。选择"封套"工具，对矩形进行直线封套，调整后效果如图 11-56 所示。

图 11-55   矩形   图 11-56   封套后效果

（2）按"F6"键，在矩形下方绘制一个较窄的矩形，填充黑色作为底座的另一面，完成底座的制作，效果如图 11-57 所示。

图 11-57   底座效果

（3）按"F6"键，在底座上绘制一个矩形作为广告牌的柱子，给柱子填充渐变色，使柱子有圆形的立体效果，如图 11-58 所示。把柱子放置在底座上，效果如图 11-59 所示。

图 11-58   柱子渐变效果   图 11-59   底座加柱子

（4）在右边相对的位置复制另外一根柱子，在两根柱子之间绘制一个矩形，填充灰色，放置在如图 11-60 所示位置。在两根柱子上方绘制一个矩形，复制模板的装饰部分，并执行"对象"→"PowerClip"→"置于图文框内部"命令，把装饰部分放置在矩形内部，效果如图 11-61 所示。

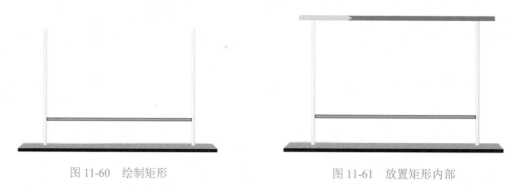

图 11-60　绘制矩形　　　　　　　　　　　　　　图 11-61　放置矩形内部

（5）在两根柱子和两个矩形之间绘制一个正好合适的矩形，填充"黑到灰到黑"的渐变，如图 11-62 所示。在渐变后的矩形上绘制另一个矩形，填充渐变色，如图 11-63 所示。

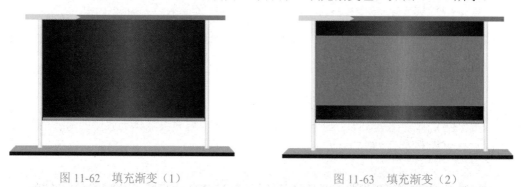

图 11-62　填充渐变（1）　　　　　　　　　　　图 11-63　填充渐变（2）

（6）按"F8"键，输入公司广告语"足不出户，物行天下"；复制公司标志到矩形中，并调整其大小及位置，如图 11-64 所示。

图 11-64　最终效果

7. 制作路牌广告

（1）按"F6"键，绘制一个矩形，在属性栏内设置转角半径为 25mm，使其变成圆角矩形；复制圆角矩形，按住"Shift"键将其向中心等比例缩小，如图 11-65 所示。

（2）框选两个圆角矩形，在属性栏中单击"移除前面对象"按钮 ，得到一个圆角矩形环，填充线性渐变，效果如图 11-66 所示。

图 11-65　缩放后的效果图

图 11-66　填充渐变

（3）在矩形环的左边绘制一个矩形，填充 80%的黑色，作为挂置路牌的柱子，效果如图 11-67 所示。

（4）在矩形环和柱子之间绘制一个矩形，填充渐变，产生连接部分的金属质感，效果如图 11-68 所示。

图 11-67　挂置路牌的柱子

图 11-68　路牌外观

（5）在圆角矩形环内绘制一个矩形，绘制时矩形大于内环边缘但小于外环边缘，填充红色，放置在圆角矩形的后面，效果如图 11-69 所示。

（6）按"F8"键，输入公司广告语"足不出户，物行天下"；复制公司标志到矩形中，并调整其大小及位置，效果如图 11-70 所示。

图 11-69　绘制红色矩形

图 11-70　最终效果

（7）使用上述类似方法，绘制一个外观为圆形的路牌广告，效果如图 11-71 所示。

图 11-71　圆形路牌广告

项目总结

　　本项目制作了风火物流有限公司 VI 的部分要素，VI 使用统一模板，体现了公司的精神风貌，传播了企业经营理念，塑造了公司的良好形象，各要素风格一致、美观大方。

　　VI 一般包括基础部分和应用部分两大内容。其中，基础部分一般包括企业的名称、标志、标识、标准字体、标准色、辅助图形、标准印刷字体和禁用规则等；而应用部分一般包括标牌旗帜、办公用品、公关用品、环境设计、办公服装和专用车辆等。本项目主要使用了"星形"工具、"变形"工具、"文本"工具、"钢笔"工具、"矩形"工具、"调和"工具及置于图文框内部等工具和命令，灵活使用各种工具，可以设计出意想不到的效果。

拓展练习

　　（1）制作风火物流有限公司 VI 的其他要素，如图 11-72～图 11-74 所示。

图 11-72　档案袋　　　　　　　图 11-73　服装　　　　　　　图 11-74　运输车

　　（2）为一家企业设计 VI，体现企业的经营理念，帮助企业塑造形象，提升企业知名度。

参 考 文 献

[1] 王红卫，迟振春. CorelDRAW X7 商业设计案例精粹. 北京：清华大学出版社，2016.

[2] 盛魁. CorelDRAW X6 图形图像设计. 武汉：武汉大学出版社，2014.

[3] 王文华，陈立新. CorelDRAW 设计教程. 北京：中国原子能出版社，2016.

[4] 张平. CorelDRAW X5 平面设计与制作. 北京：高等教育出版社，2013.

[5] 麓山文化. CorelDRAW X6 平面广告设计 228 例. 北京：机械工业社，2015.

[6] 程静，杨华安. 边学边做 CorelDRAW X3 图形图像设计案例教程. 北京：人民邮电出版社，2016.

反侵权盗版声明

电子工业出版社依法对本作品享有专有出版权。任何未经权利人书面许可，复制、销售或通过信息网络传播本作品的行为；歪曲、篡改、剽窃本作品的行为，均违反《中华人民共和国著作权法》，其行为人应承担相应的民事责任和行政责任，构成犯罪的，将被依法追究刑事责任。

为了维护市场秩序，保护权利人的合法权益，我社将依法查处和打击侵权盗版的单位和个人。欢迎社会各界人士积极举报侵权盗版行为，本社将奖励举报有功人员，并保证举报人的信息不被泄露。

举报电话：（010）88254396；（010）88258888

传　　真：（010）88254397

E-mail：　dbqq@phei.com.cn

通信地址：北京市万寿路 173 信箱

　　　　　电子工业出版社总编办公室

邮　　编：100036